J. GAUBE (du Gers)

COURS
DE

MINÉRALOGIE
BIOLOGIQUE

PARIS
A. MALOINE, ÉDITEUR
21, PLACE DE L'ÉCOLE-DE-MÉDECINE, 21
1897

COURS

DE

MINÉRALOGIE

BIOLOGIQUE

J. GAUBE (du Gers)

COURS DE MINÉRALOGIE BIOLOGIQUE

PARIS
A. MALOINE, ÉDITEUR
21, PLACE DE L'ÉCOLE-DE-MÉDECINE, 21
1897

AVIS

Nous publierons, chaque année, à peu près à la même époque, le Cours de Minéralogie biologique professé pendant le semestre d'été.

A mesure que nous avancerons dans le développement du Cours, l'intérêt qui s'attache à l'étude de la Minéralogie biologique grandira.

Le mouvement qui paraît porter actuellement un grand nombre d'expérimentateurs vers la Minéralogie biologique profitera à ce cours et pourra élargir considérablement le programme que nous nous sommes fait dès le début.

DIVISION DES COURS

I

La matière minérale est indispensable aux manifestations de la vie. Métaux biodynamiques.

II

Les ferments ; hydrastases et oxydases ; ferments microbiens ; leurs actions ; leurs relations avec la matière minérale.

III

Nutrition des tissus ; nutrition minérale normale ; nutrition minérale pathologique.

IV

Nutrition minérale générale, normale et pathologique.

V

La déminéralisation pathologique et la reminéralisation physiologique.

COURS

DE

MINÉRALOGIE BIOLOGIQUE

PREMIÈRE LEÇON

LA VIE EST IMPOSSIBLE SANS MATIÈRE MINÉRALE. — MÉTAUX BIODYNAMIQUES ET MÉTAUX ABIODYNAMIQUES. — HYDROGÈNE. — OXYGÈNE. — EAU.

Messieurs,

Je viens vous enseigner une science nouvelle, *la Minéralogie biologique*.

Si, un jour, cette science doit vous intéresser et peut vous être utile, c'est à la bienveillante initiative de notre doyen, M. Brouardel, que vous le devrez.

Permettez-moi de remercier notre savant doyen d'avoir bien voulu m'aider à ouvrir ce cours.

La minéralogie biologique s'occupe des minéraux qui entrent dans la constitution des plantes, des animaux et de l'homme ; elle s'occupe de leur origine, de toutes leurs combinaisons biologiques, de leurs rapports avec la matière protéique, avec la matière azotée.

Elle a pour moyens l'histoire naturelle tout entière : géologie, botanique, zoologie ; la chimie, la physique, la physiologie expérimentale.

Elle a pour but l'amélioration des espèces, l'augmentation de la résistance des individus, la diminution de la débilité originelle, l'accroissement de la natalité, la cure de certaines maladies ; c'est par ce large côté que la minéralogie biologique touche aux sciences médicales, à la médecine.

La minéralogie biologique nous donne le droit d'investigation partout où se trouve la matière vivante sous quelque forme qu'elle se présente.

Toutes les zymases ou diastases, vitalisantes, toxiques ou anti-toxiques, l'opothérapie (Landouzy) sont de notre domaine, car nous savons que chaque zymase a une minéralisation propre, que cette zymase soit hydratante ou oxydante, que chaque zymase, disons-nous, possède une minéralisation propre en l'absence de laquelle elle reste inerte ; tel est le résultat déjà obtenu par M. G. Bertrand, préparateur au Museum, pour quelques diastases.

L'iode est le métal d'action, la dominante minérale de la thyroïdine de Baumann[1], zymase du

[1] *Zeitschrift für phys. chem.*, fasc. 4, t. XXI, 1895. — *Revue intern. de th. et de pharm.*, 16 mars 1896, p. 99.

corps thyroïde dont on fait un si grand usage en ce moment.

Le calcium est la dominante minérale, le métal d'action de la pectase, ferment coagulant des matières pectiques[1].

Le sodium est la dominante minérale, le métal d'action de l'*émulsine* pancréatique, une des zymases du suc pancréatique[2].

De telle sorte que demain, par une reminéralisation savamment conduite, nous pourrons, sans doute, provoquer directement chez l'être vivant, chez l'homme, les anti-toxines bienfaisantes que nous préparons aujourd'hui par inoculation chez les animaux.

La minéralogie biologique se divise en deux grandes branches : la minéralogie biologique végétale et la minéralogie biologique animale.

Je vous exposerai dans ce cours la minéralogie biologique de l'homme sain et de l'homme malade, incidemment la minéralogie biologique végétale et animale proprement dite, soit qu'elle vienne éclairer un point de la minéralogie biologique humaine, soit qu'elle me serve de point de comparaison.

La minéralogie biologique végétale existe depuis

[1] G. Bertrand et A. Mallèvre. Compt. rend., t. CXIII, p. 368.

[2] J. Gaube (du Gers). *Le sol animal et les ferments ;* compt. rend. hebd. Soc. biol. Dixième série, t. II, n° 12.

de longues années, depuis 1840 ; de nombreux professeurs l'enseignent pratiquement en France et dans les pays voisins.

En 1838, Boussingault disait : « Aujourd'hui la science agricole a fait justice de l'importance que l'on attribuait à la composition minéralogique des terrains... Les substances minérales qui ont une action non équivoque sur le développement de certaines plantes sont très limitées... Dans la réalité nous n'avons aucune idée sur la cause de leur action. » Voilà le cas que l'on faisait du rôle de la matière minérale dans la végétation à cette époque. La théorie de l'*humus*, c'est-à-dire la terre considérée comme support inerte et les matières organiques considérées comme aliment primordial des plantes, régnait en souveraine parmi les agronomes, lorsqu'en 1840 Liebig inscrivit en tête de son immortel ouvrage : *La chimie appliquée à l'agriculture et à la physiologie*[1] : « C'est la matière inorganique exclusivement qui offre aux végétaux leurs premières sources d'alimentation. »

Grande fut la querelle, grand a été le triomphe de Liebig.

Je vous demande la permission de vous lire quelques extraits d'un livre intitulé : *Les récoltes et*

[1] *Die Chemie in ihrer auwendung auf Agricultur und Physiologie.* Leipzig, 1840.

l'épuisement du sol, livre écrit par un de nos plus savants agronomes, M. L. Grandeau :

« La doctrine qui régnait sans partage avant 1840, sous le nom de *théorie de l'humus*, devait fatalement, à part des cas exceptionnels que nous exposerons, conduire ceux qui l'appliquaient à l'épuisement de leurs terres, et, partant, à la ruine...

« Les défenseurs de la théorie de l'humus n'ont jamais paru s'apercevoir du cercle vicieux qui sert de fondement à leur doctrine ; il est incontestable aujourd'hui que le monde minéral a existé longtemps avant le monde organique. L'apparition des végétaux est relativement récente. Des millions de siècles ont dû s'écouler avant que la température du globe permît le développement des êtres vivants à sa surface. Si les plantes ne peuvent que se nourrir de matière organique, où les premières parues sur le globe ont-elles puisé cette dernière ?

« La doctrine de la nutrition minérale est, au contraire, en accord avec tous les faits révélés par la géologie, par la chimie et par la physiologie... En un mot, les corps incombustibles que les chimistes désignent sous le nom de *substances minérales* sont les seuls aliments des végétaux. »

« Les aliments de toutes les plantes vertes sont des substances inorganiques. La plante vit d'acide nitrique, d'eau, de chaux, de magnésie, de potasse, de fer; il en est qui réclament du sel marin. » (Liebig.)

J'oubliais de vous dire que Bernard Palissy avait été le précurseur de Liebig.

Je lis encore dans le livre de M. L. Grandeau : « Bien loin d'être purement accidentelles, comme on l'avait admis longtemps, les substances inorganiques, chaux, phosphates, fer, etc., sont le point de départ du développement de toutes les plantes. Les animaux, soit directement, dans le cas des herbivores, soit indirectement, comme il arrive pour les carnivores, étant absolument solidaires du monde végétal qui les nourrit exclusivement, il s'ensuit que la matière minérale est un élément essentiel et primordial de tous les êtres vivants. »

La place que l'homme occupe dans la nature lui permet de puiser à la fois les minéraux dont il a besoin, dans le règne animal, dans le règne végétal et dans le règne minéral directement.

Non seulement la plante, chaque espèce de plantes[1], chaque variété de plantes, vit, dans son ensemble, sur le minéral, mais, nous vous le démontrerons, chaque élément cellulaire de la plante, comme d'ailleurs chaque élément cellulaire de l'ani-

[1] Voir Malagutti et Durocher, in *Ann. de chim. et de phys.*, 4e série, t. LIV.

mal, vit sur une minéralisation propre. La rose, la pervenche chère à J.-J. Rousseau, font, la première son incomparable parfum, la seconde son bleu d'azur sur une minéralisation particulière, pendant que la digitale, l'aconit, distillent leurs poisons à l'aide d'autres éléments, sur d'autres éléments minéraux.

La minéralisation du chien qui ne suppure jamais, la minéralisation du cheval qui suppure à propos de tout sont absolument différentes ; mais n'anticipons pas.

Hier, Ch. Robin écrivait : « Préoccupés par l'examen d'un seul groupe de principes, ceux d'origine minérale, qui de tous ont le moindre rôle dans la nutrition... » Voilà le cas que l'on fait aujourd'hui du rôle de la matière minérale dans la nutrition.

Les forces physiques et chimiques agissent dans les organismes, dit Cl. Bernard[1], comme dans le monde minéral. Oui, c'est vrai, et cela n'ôte rien à la mémoire de Ch. Robin qui l'a méconnu, les forces physiques et chimiques agissent dans les organismes comme dans le monde minéral parce que le monde minéral gouverne le monde organique.

« Ce problème de l'alimentation minérale, si vain et si ingrat en apparence que c'est à peine s'il a été

[1] Cl. Bernard. *Leçons sur les phénomènes de la vie.*

abordé pour les grands végétaux, dit M. E. Duclaux, dans son livre, *Le microbe et la maladie*, va nous conduire pour les microbes à des faits imprévus, à des aperçus bien dignes d'être médités, à des conclusions qu'on peut faire passer dans le domaine de la grande culture et par là dans celui de la vie sociale. »

Ainsi, à l'époque où nous sommes, nous pouvons affirmer que la minéralogie biologique végétale n'est point encore faite dans ses détails, moins encore dans son ensemble ; que la minéralogie biologique animale, que la minéralogie biologique humaine n'existent pas.

Les semences végétales et animales, dont nous avons démontré l'identité de composition chimique[1], ont une réserve de matière minérale qui leur permet la germination et une végétation de courte durée ; le temps en est mesuré par la quantité de matière minérale disponible ; c'est dire, implicitement, que sans matière minérale il n'y aurait ni germination, ni végétation possibles.

Je prends (c'est une expérience banale) une graine de *pisum sativum*, pois cultivé, famille des légumineuses ; je la sème dans un vase de verre ordinaire, sur un lit de quartz pulvérisé, humecté d'eau

[1] J. Gaube (du Gers). *Théorie minérale de l'évolution et de la nutrition de la cellule animale*. Paris, 1895.

distillée. La graine va germer, le pois va se développer, fleurir et fructifier; le pois est riche en matière minérale.

Je prends une des graines de cette première récolte, je la sème dans les mêmes conditions que celles que je viens de vous exposer; cette graine va germer, se développer chétivement; elle ne fleurira pas, elle ne fructifiera pas; les réserves minérales transmises par les ascendants sont consommées; elle ne peut puiser autour d'elle, dans un sol fertile, la matière minérale indispensable à la vie; admettez un instant que ma graine soit l'unique représentant de l'espèce; c'en est fait, l'espèce s'éteint. Eh! puis, n'est-ce pas là un exemple frappant de débilité native, originelle, un exemple de débilité native mortelle?

N'allez pas croire que les plantes seules nous fournissent de tels exemples; l'homme, les animaux, sont aussi malheureux devant la misère minérale que les plantes. Je prends une hase de lapin vulgaire, *cuniculus vulgaris*, ordre des rongeurs; après quelques amoureux déduits avec un bouquin de son espèce, dès que, par le développement de ses mamelles, je m'aperçois qu'elle est grosse, je la soumets à une alimentation contenant fort peu ou pas de matière minérale: cellulose, fécule, albumine du blanc d'œuf déminéralisée et séchée, lactose purifiée, le tout sous forme de gâteaux bien secs ; j'ajoute à cette nourriture sèche de l'eau distillée.

Le résultat de cette déminéralisation maternelle, voulue, est épouvantable. L'accouchement est souvent prématuré; la durée de l'accouchement est de vingt-quatre à quatre-vingt-seize heures; elle est d'un quart d'heure à l'état normal ; les petits sont deux à trois fois moins longs ; leur peau est faite d'une membrane glabre, gélatineuse; les muscles sont à peine dessinés; les os sont mous; les griffes sont rudimentaires; quelques petits sont mort-nés ; d'autres meurent aussitôt nés ; les incisives supérieures et inférieures leur manquent, en naissant, tandis que tous les lapins bien constitués viennent au monde avec ces dents ; quelques humains sont lapins sous ce rapport.

Je ne me dissimule pas les critiques dont est passible cette expérience ainsi que les expériences analogues de Forster [1] et de Lunin [2], mais voici une expérience que je pourrais qualifier de naturelle, dans laquelle je ne suis nullement intervenu et qui comporte de nombreux enseignements.

Il y a six semaines, je mis à peu de jours de distance deux hases de la même portée, âgées de six

[1] *Zeitsch. f. phys. chem.*, t. V, 1881.
[2] *Zeitsch. f. Biolog.*, t. IX, 1873.

mois, en contact avec le même mâle. L'une des hases, la première pleine, mangeait de l'avoine, du son, avec avidité ; l'autre n'avait jamais voulu manger ni avoine, ni son, ni pain ; elle se nourrissait exclusivement d'herbages. La première hase m'a donné des lapins gros, vigoureux ; la seconde vient de me donner, il y a six jours, des lapins malingres, petits, presque glabres, avec des incisives à peine naissantes et des griffes rudimentaires ; trois sont mort-nés[1]. Or, vous savez que le son et l'avoine sont riches en matières minérales ; que l'avoine contient 2 gr. 67 p. 100 et le son 5 grammes p. 100 de matières minérales.

Ne reconnaissez-vous pas, dans cet effrayant tableau, la triste réalité de la déchéance native de notre pauvre espèce ? Demandez plutôt aux accoucheurs, demandez aux statisticiens, demandez aux hommes qui s'occupent de pédiatrie !

La vie a presque épuisé la terre sur certains points de sa surface ; le pain manquera bientôt à

[1] Aujourd'hui, 25 août, un seul lapin de cette triste portée survit ; il a l'aspect d'un chien basset ; ses membres antérieurs sont tordus ; ses membres postérieurs sont d'une longueur démesurée ; la tête est petite ; il est maigre et la mort semble prochaine. Ce lapin a l'aspect des petits des animaux dont les mères ont été *toxininées* pendant la gestation ; mais, c'est encore là un des effets de la déminéralisation, car le père et la mère que nous venons de sacrifier étaient sains en tous points.

Les toxines sont, d'ailleurs, de puissants perturbateurs de la minéralisation animale.

ses habitants si la culture ne devient pas scientifique.

Si je voulais rechercher ce qui fait les races voisines fécondes, j'en trouverais certainement une des causes, sinon la plus efficace, dans leur minéralisation. Les statisticiens constatent le fait de la dépopulation ; ils se lamentent, impuissants, et s'en prennent à Malthus, comme dans un autre ordre d'idées d'autres s'en prennent à Voltaire ; non, Malthus n'est point le grand coupable. Les causes de la dépopulation sont certainement plus matérielles que morales ; je m'efforcerai de vous le démontrer plus tard ; rappelez-vous seulement, dès maintenant, que le minéral est au commencement de toute vie [1].

Je prends dans la même gousse, à côté du pois qui a servi à notre deuxième expérience, un pois naturellement déminéralisé ; nous savons qu'il ne fleurira pas, qu'il ne fructifiera pas ; j'ajoute au quartz pulvérisé, progressivement, un poids déterminé d'azotate de chaux, de phosphate de potasse, d'azotate de potasse, de sulfate de magnésie, de phosphate ferrique en solution ; la vie, l'abondance des fruits vont succéder à la stérilité, au néant ; le pois va se développer, fleurir et fructifier abondamment.

[1] Voir Huxley. *La base physique de la vie.*

Je mets dans deux poulaillers, séparés et spacieux, deux groupes de poules avec un coq de la race dite crève-cœur. Je nourris l'un des groupes comme on nourrit d'ordinaire les poules, avec des épluchures de ménage, du sarrazin et du petit blé; l'autre groupe est nourri de la même manière, mais la nourriture est arrosée d'une solution minérale contenant de la soude, de la chaux, de la magnésie, de la potasse, du fer; je passe sur les détails de cette expérience, car j'aurai l'occasion d'y revenir.

Les œufs des deux groupes de poules donnent des poussins. Les poussins du premier groupe sont comme tous les poussins ordinaires; leur duvet est jaune, jaune terne, noir-grisâtre, cendré; ils sont éveillés, mais ils ont la faiblesse propre à leur âge; le duvet des poussins du deuxième groupe est jaune doré, noir brillant; les poussins sont plus avancés que ceux du premier groupe; ils sont plus forts, plus résistants; quand ils vont, picorant autour de leur mère, s'il se présente un léger obstacle, au lieu de le contourner comme leurs frères du premier groupe, ils le franchissent; ils couchent aussi bien sur la poule que sous ses ailes; ils sont plus gros, plus robustes que leurs frères nés des poules de la même race mais non minéralisées. Qu'est-ce à dire? Nous avons vu l'absence de matière minérale, la déminéralisation entraîner la perte de la plante et de l'animal; nous voyons la reminéralisation donner à la plante, à l'animal, une vitalité, une poussée vitale extraordinaires !

Pour me servir des expressions de M. Le Dantec[1], nous dirons que la vie d'une plante, d'un animal, d'un homme, est le résultat de la coordination de milliards de vies élémentaires; ces vies élémentaires sont l'expression de l'activité, du travail de chaque cellule ou plastide dont sont faits la plante, l'animal, l'homme. Je vous ai montré la matière minérale indispensable à la vie de l'être, en général; vous devez bien comprendre que si la vie de l'être est le résultat, dans son ensemble, de milliards de vies individuelles, chaque vie ou chaque plastide ou chaque groupe de plastides peut souffrir isolément de l'absence du minéral, non sans que sa souffrance retentisse plus ou moins violemment sur l'ensemble de l'organisme. Lorsque nous connaîtrons, lorsque nous aurons étudié un à un les éléments minéraux que l'on rencontre généralement dans la série des êtres, nous étudierons la vie élémentaire, la vie de la cellule, du plastide, dans ses rapports avec le minéral, c'est-à-dire la nutrition physiologique ou pathologique.

[1] Le Dantec. *La matière vivante.*

La matière minérale pénètre dans l'organisme sous la forme de combinaisons salines entraînant avec elles la matière azotée, la matière protéique qu'elle dissout simplement dans quelques cas, avec laquelle elle se combine le plus souvent.

Müller, Gerhardt et Liebig avaient été justement frappés par la différence des propriétés physiques que les substances minérales impriment aux albuminoïdes sans altérer leur constitution [1].

La matière minérale donne aux cellules leurs qualités chimiotaxiques positives ou négatives.

La matière minérale se rencontre dans l'organisme en solutions salines sous forme de sels multiples ou directement combinée sous la forme de bases ou d'acides avec la matière protéique [2]. Cette distinction est capitale, car partout où vous trouverez la matière minérale sous la forme de bases ou d'acides en combinaison directe avec la matière protéique, vous serez en présence d'une zymase, d'un ferment; c'est une loi; exemples vulgaires : l'acide chlorhydrique dans le suc gastrique; la soude dans le suc pancréatique.

Toute idée de vie éveille l'idée d'un *milieu*. La

[1] Charles Gerhardt. *Traité de chim. org.*, t. IV, p. 433.

[2] Voir P.-P. Dehérain. *Traité de chimie agricole*, p. 178 et suiv.

A. Gautier. *Cours de chimie*, t. III, p. 122. Paris, 1891.

G. Hayem et J. Winter. *Du chimisme stomacal.* Paris, 1891.

science des *milieux* est composée de toutes les sciences; elle est vaste comme l'univers; nous aurons garde de nous aventurer dans cette immensité; mais nous avons le devoir d'étudier le milieu minéralisé sur lequel nous vivons, au sein duquel nous vivons; le milieu minéral tel que nous le présente la géologie, tel que nous le donnent actuellement les actions météoriques. Il y aurait, peut-être, une belle page d'anthropologie à écrire sur l'état des roches dans ses rapports avec les qualités de l'homme pendant l'époque préhistorique; les os des hommes primitifs étaient plus denses que ceux de nos contemporains; mais passons. Je vous disais que notre devoir était d'étudier le milieu minéral au sein duquel nous vivons.

Je diviserai, pour les besoins de notre étude, les minéraux et les métaux en deux grandes classes : les minéraux et les métaux *Biodynamiques ;* les minéraux et les métaux *Abiodynamiques;* les minéraux, les métaux donnant à la vie ses merveilleux ressorts; les minéraux, les métaux incompatibles avec la vie telle que nous la connaissons. Les minéraux et les métaux de la première classe méritent seuls de nous occuper.

Les métaux biodynamiques sont :

Pour les plantes.	*Pour les animaux.*	*Pour l'homme.*
—	—	—
Hydrogène.	Hydrogène.	Hydrogène.
Oxygène.	Oxygène.	Oxygène.
Potassium.	Sodium.	Sodium.
Calcium.	Potassium.	Potassium.
Magnésium.	Calcium.	Calcium.
Fer.	Magnésium.	Magnésium.
Manganèse.	Fer.	Fer.
Phosphore.	Manganèse.	Manganèse.
Soufre.	Soufre.	Soufre.
Sodium.	Phosphore.	Phosphore.
Silicium.	Chlore.	Chlore.
Bore.	Fluor.	Fluor.
Chlore.	Iode.	Iode.
Fluor.	Cuivre.	Carbone.
Iode.	Carbone.	Azote.
Brome.	Azote.	Argon.
Carbone.	Argon.	
Azote.		
Argon.		

Le spectroscope, l'analyse, révèlent encore dans les cendres des plantes, des animaux et de l'homme, un certain nombre de métaux, même des plus rares; ces métaux ne se trouvent pas tous accidentellement dans les tissus; si minimes qu'en soient les quantités, ils ne sont certainement pas indifférents au jeu régulier des actions cellulaires, et la chaleur spécifique de quelques-uns, le lithium, par exemple, ne semble pas permettre de les négliger; il n'est point jusqu'à l'arsenic qui ne favorise le développement de quelques champignons [1].

Comme vous le voyez par la lecture de ces tableaux, les mêmes minéraux servent aux diverses manifestations de la vie chez les plantes et chez les animaux; c'est que la vie végétative est une; elle varie seulement dans ses moyens. Je n'ai pas indiqué intentionnellement dans le tableau des métaux biodynamiques ni les minéraux d'où ils dérivent ni les combinaisons dans lesquelles ils sont susceptibles d'entrer; c'est que, à côté des métaux biodynamiques, il y a les combinaisons salines abiodynamiques des métaux biodynamiques; le potassium est indispensable à la plupart des plantes terrestres, mais toutes les combinaisons du potassium ne leur sont pas favorables; le calcium, le magnésium, sont indispensables aux plantes et aux animaux, mais toutes les combinaisons du calcium et du magnésium sont loin de leur être favorables. J'ai simplement voulu vous indiquer les corps minéraux que l'on rencontrait partout où se manifeste la vie, me réservant d'étudier séparément chacune des combinaisons métalliques biodynamiques. Nous touchons ici à un des points les plus délicats de la minéralogie biologique, à la propriété

[1] Prince de Salm-Hormster. *Ann. de chim. et de phys.*, t. XXXIV et XXXV.

que possèdent certains corps vivants de transformer les combinaisons abiodynamiques des métaux biodynamiques en combinaisons biodynamiques; cette propriété n'est pas égale chez tous les êtres; ainsi les crustacés peuvent transformer le chlorure de calcium en carbonate de chaux nécessaire à leur ossature, tandis que les poules ne peuvent point transformer ce même chlorure de calcium en carbonate de chaux nécessaire à la coquille de leurs œufs.

Vous connaissez tous le milieu minéral de Raulin [1], appelé liquide de Raulin. Ce milieu minéral se compose de onze substances chimiques, sans compter les gaz du milieu aérien.

Milieu minéral de Raulin.

Sulfate de zinc.	0 gr. 07
Sulfate de fer	0 — 07
Silicate de potasse	0 — 07
Sulfate d'ammoniaque . .	0 — 25
Carbonate de magnésie. .	0 — 40
Carbonate de potasse. . .	0 — 60
Phosphate d'ammoniaque.	0 — 60
Azotate d'ammoniaque . .	4 — 00
Acide tartrique	4 — 00
Sucre candi	70 — 00
Eau distillée.	1500 — 00

Vient-on à modifier dans l'un quelconque de ses

[1] *Annales des sciences naturelles botaniques*, t. XX, V[e] série : t. II, VIe série.

éléments la composition du milieu minéral de l'*Aspergillus niger*, la végétation tombe dans d'énormes proportions.

Sans nous occuper des dominantes minérales de l'*Aspergillus niger*, dominantes indispensables à toutes les plantes, si nous voulons connaître l'action vitalisante de l'un des éléments qui entre dans le milieu minéral de Raulin pour $\frac{1}{50.000}$ seulement, le zinc, nous constatons que dès la première génération, sa suppression fait tomber la récolte d'un dixième, que d'autres générations ne peuvent vivre dans le liquide de culture, lorsque le zinc a été épuisé, tandis que dans le liquide normal 32 milligrammes de zinc favorisent le développement d'une récolte d'*aspergillus* sept cents fois supérieure à leur propre poids. Ne trouvez-vous pas que le zinc semble se comporter ici comme une zymase, corps dont la propriété caractéristique est de modifier sous un très petit volume un poids considérable de substance organique ?

Je vous ai parlé des métaux ou des combinaisons abiodynamiques; en voici un exemple des plus saisissants. Ajoutez à la culture de l'aspergillus niger $\frac{1}{1.600.000}$, un seize cent millième, d'azotate d'argent, et, la végétation de l'aspergillus s'arrête tout aussitôt; il en est de même si vous le cultivez dans un vase d'argent.

M. Dreyfus[1] a cultivé dans le laboratoire de M. Lépine, à Lyon, sur le liquide ou milieu minéral de M. Ouchinski, légèrement modifié, un certain nombre de microbes. Le milieu minéral de M. Dreyfus se compose de :

Chlorure de calcium . . .	0 gr. 10
Sulfate de magnésie . . .	0 — 20
Biphosphate de potasse. .	1 — 00
Chlorure de sodium . . .	5 — 00
Lactate d'ammoniaque . .	10 — 00
Glycérine	40 — 00
Eau distillée.	1000 — 00

Quelques microbes ont donné des cultures très abondantes, les autres n'ont pas poussé, dit l'auteur.

Le bacille pyocyanique a donné des cultures vigoureuses et abondantes; le bacillus prodigiosus et le bacille rouge de Kiel étaient abondants mais peu vigoureux; le bacille d'Eberth, le streptocoque, le bacille de la diphtérie, le staphylocoque, le gonocoque et le bacille du charbon n'ont pas poussé.

Vous pouvez en juger, le milieu minéral n'est pas moins important pour les infiniment petits que pour le monde des animaux supérieurs; à tous les degrés de l'échelle de la vie les êtres sont également sensibles au changement de la minérali-

[1] *Echo médical de Lyon*, nº 3, 1896.

sation, à la déminéralisation ; c'est ce qui m'a permis de vous dire tout à l'heure que nous devions travailler, avec la certitude de la trouver, à la recherche de la minéralogie, des dominantes minérales d'action des sucs organiques, des toxines.

Maintenant que vous êtes suffisamment édifiés, du moins, j'en ai l'espérance, sur la nécessité de la matière minérale dans la vie des êtres, nécessité tellement évidente que vous ne pourrez trouver, nulle part dans la création, un être vivant, une partie quelconque d'un être vivant sans matière minérale, que la vie est impossible sans matière minérale, nous allons commencer l'étude des métaux biodynamiques par les premiers inscrits en tête de nos tableaux, par l'hydrogène et l'oxygène.

Un mot encore avant de commencer l'étude biologique de l'hydrogène.

Vous vous êtes certainement, depuis que vous m'écoutez, posé la question suivante : La minéralogie biologique est-elle destinée à rester une science spéculative, ou bien peut-on en tirer des applications pratiques immédiates ? Ses applications pratiques, physiologiques, cliniques, sont nombreuses. La reminéralisation scientifique est féconde pour l'homme, pour l'animal, comme pour la plante ; vous l'aviez deviné, si je ne vous l'ai déjà dit.

Cependant la minéralogie biologique ne peut pas opérer le rajeunissement continuel des cellules; elle ne peut pas assurer la perpétuité de la vie chez l'individu et elle n'est point la seule science à ne pas engendrer ce prodige.

HYDROGÈNE

Nous devons la connaissance de l'hydrogène à Cavendish (1777). L'hydrogène est un métal gazeux, quatorze fois et demie plus léger que l'air; il est le plus réfringent et le plus diffusible de tous les gaz simples; il est à peine soluble dans l'eau; à l'état libre, à froid, ses affinités sont peu énergiques; à l'état naissant, l'hydrogène est un puissant réducteur des corps oxygénés; il est peu répandu, dans la nature, à l'état libre; on le rencontre dans les émanations gazeuses des volcans et... de l'intestin, principalement chez les malades soumis au régime lacté. On trouve l'hydrogène en petites quantités dans l'air expiré; à l'état de dissolution dans le pus. L'hydrogène est, sans doute, à l'état de combinaison, un des métaux les plus répandus de la nature, car il n'est point de substance organique qui n'en renferme, et il est un des constituants de l'eau.

Les tissus vivants fixent une certaine quantité

d'hydrogène provenant de la décomposition de l'eau[1] :

	Oxygène total assimilé durant la période d'expérience.	Hydrogène total assimilé durant la même période.	Hydrogène nécessaire pour faire de l'eau avec tout l'oxygène assimilé.	Hydrogène en excès sur celui qui est nécessaire pour faire de l'eau avec tout l'oxygène.
Trèfle semé	1,226	0,176	0,153	0,023
— repiqué.	0,444	0,097	0,055	0,042
Pois	1,237	0,215	0,155	0,060
Froment . .	0,608	0,078	0,076	0,002

OXYGÈNE

L'oxygène découvert en 1774 par Priestley et peu après par Scheele est un corps comburant à l'opposé de l'hydrogène qui est un corps combustible. L'oxygène est le moins réfringent des gaz et le plus électro-négatif de tous les éléments; il est légèrement soluble dans l'eau. L'électricité fait éprouver à l'oxygène une modification particulière qui augmente considérablement l'énergie de ses affinités. Schœnbein a donné le nom d'*ozone* à l'oxygène électrisé; la formation de l'ozone est endo-

[1] Boussingault. *Economie rurale*, t. I, p. 88.

thermique. L'oxygène est très répandu dans la nature; il fait partie constituante de l'air atmosphérique, de l'eau; il se trouve à l'état de liberté dans les voies aériennes, en dissolution dans plusieurs liquides de l'organisme, dans le plasma sanguin; il existe à l'état de combinaison avec l'hémoglobine; c'est le plus magnétique de tous les gaz. L'oxygène des tissus provient de l'air et de la décomposition de l'eau; aucun être vivant ne peut se passer d'oxygène; aucun autre gaz ne peut le remplacer.

Nous sommes encore fort éloignés de la nutrition et rien ne nous autorise à y faire la moindre allusion; je ne puis cependant pas vous parler de l'oxygène, de l'*air vital*, corps comburant par excellence, sans toucher à la transformation de la matière organique dans les corps organisés.

Nous sommes loin aujourd'hui de la théorie de la combustion directe par l'oxygène des substances organiques des corps organisés. La théorie des fermentations entrevue par Van Helmont, ou de l'oxydation indirecte, a succédé à la théorie de Lavoisier[1]. Les zymases, nées, les unes de la vie

[1] La théorie de la combustion directe est soutenue par M. Chauveau; voir: *Sur la nature du processus chimique qui préside à la transformation du potentiel auquel les muscles empruntent l'énergie nécessaire à leur mise en travail.* Compt. rend., t. CXXII, n° 23.

propre de la cellule, du plastide, les autres de la vie propre des infiniment petits, des microbes, sont les agents directs de la transformation de la matière organique; dans un cas comme dans l'autre, et, j'insiste sur ce fait, les zymases sont le produit de ferments figurés, cellule ou microbe, de sorte que je ne vois pas la nécessité de distinguer désormais les ferments, en ferments solubles et ferments figurés, puisque tous les ferments sont des ferments solubles engendrés par des éléments figurés. La cellule vivante intervient seulement pour la formation de la zymase; une fois formée, celle-ci devient *fonction chimique ordinaire*.

Pour bien étudier l'action des innombrables zymases que l'on rencontre dans l'organisme, il faut les examiner à chaque stade de la transformation de la matière organique, car les unes préparent le travail des autres; ce que nous devons retenir surtout de la composition des zymases, c'est leur grande richesse en matière minérale; l'émulsine contient de 20 à 35 p. 100 de matière minérale; le magnésium est son métal d'action, sa dominante minérale; l'émulsine est une zymase hydratante; la lacasse[1] de M. G. Bertrand contient plus de

[1] G. Bertrand. *Sur la recherche et la présence de la lacasse dans les végétaux*. Compt. rend., t. CXVIII, p. 1215; t. CXXI, p. 166.

5, 5 p. 100 de matière minérale ; le manganèse est son minéral d'action, sa dominante minérale; la lacasse très répandue dans le règne végétal est une zymase oxydante, fixant de l'oxygène et dégageant de l'acide carbonique. Ainsi, la théorie de l'oxydation directe est invraisemblable et la théorie de la fermentation est illusoire si on ne lui donne pas comme point d'appui la minéralisation propre à chaque ferment. En effet, les oxydations, les dédoublements, les hydratations, les réductions de la matière organique sont corrélatifs de la fonction chimique inhérente à la nature de sa minéralisation.

EAU

L'eau est composée d'hydrogène et d'oxygène condensés.

Le rôle de l'eau dans les phénomènes du monde, la place qu'elle occupe dans les besoins de l'existence, la firent honorer depuis les anciens Aryas jusqu'à nos jours d'une sorte de culte ; ce culte est bien déchu aujourd'hui, comme beaucoup d'autres, depuis que la science nous a révélé, sans rien enlever, d'ailleurs, à ses qualités, la composition chimique de l'eau.

Les anciens considéraient l'eau comme un des quatre éléments ayant servi à former tout ce qui nous entoure ; jusqu'à la fin du siècle dernier l'eau était regardée comme un corps simple.

L'eau intervient dans presque toutes les réactions chimiques, soit qu'elle s'ajoute en entier, soit qu'elle fasse la double décomposition, soit qu'elle se décompose au contact de certains corps qui s'emparent de l'un de ses éléments, soit qu'elle prenne naissance pendant les doubles décompositions ; l'eau est le corps qui a les propriétés dissolvantes les plus étendues ; les dissolutions, d'après les travaux de M. Etard, seraient des manières différentes d'hydratation ; l'eau dissout les gaz proportionnellement à la pression qu'ils supportent.

Par une bizarre coïncidence, l'eau recouvre, à notre époque, les trois quarts de notre globe ; elle entre environ pour les trois quarts dans la composition des êtres vivants.

L'eau, véhicule des substances dissoutes ou en suspension, est la base de tous les liquides de l'organisme, de toutes les humeurs ; elle imbibe toutes les parties du corps ; elle fait partie de la molécule de certaines substances organiques, tantôt sous forme d'eau de cristallisation, tantôt sous forme d'eau de constitution.

Voici un tableau indiquant la quantité d'eau[1]

[1] E. Bischoff. *Zeitsch. f. ration. med.*, IIIe série.

contenue dans un kilogramme de quelques tissus du corps humain :

Eau dans squelette[1]	. . . . .	493 gr.
—	foie.	623 —
—	rate.	761 —
—	muscles.	763 —
—	cerveau	764 —
—	reins	830 —

La proportion d'eau que contiennent les tissus paraît en rapport avec leur activité. J'ai placé les tissus dans le tableau ci-dessus selon leur teneur en eau ; vous pouvez voir que l'activité de la rate est plus grande que celle du foie ; que les reins sont plus actifs que les muscles ; le poumon est plus actif que le rein.

La quantité d'eau que contiennent les tissus varie suivant les races, suivant l'âge, suivant les individus. Les embryons des animaux, les jeunes pousses des plantes sont plus aqueux que l'adulte ; ils sont aussi plus riches en matières minérales solubles que l'adulte.

Le rôle biologique de l'eau est des plus importants. En outre qu'elle prend part aux réactions chimiques de l'organisme, l'eau est le dissolvant de la matière minérale. En dissolvant la matière

[1] Voir Volkmann. *Mischungsverhältrisse der Menslichen körpers.*

minérale l'eau la dissocie et augmente ainsi son énergie intérieure, son potentiel, proportionnellement à la chaleur absorbée par la dilution[1].

Enfin l'eau entraîne hors de l'organisme la plus grande partie des déchets de la nutrition.

[1] Sainte-Claire Deville. *Leçons de la Société chim.*, p. 269.

DEUXIÈME LEÇON

LE VÉGÉTAL ET L'ANIMAL DEVANT LE MINÉRAL POTASSIUM

Messieurs,

Avant de commencer l'étude particulière, j'allais dire personnelle, de chaque métal, je veux prévoir quelques questions fort importantes.

L'animal a-t-il besoin nécessairement de l'intervention du végétal pour se nourrir de matière minérale? L'animal est-il capable d'élaborer le minéral, de former ses tissus à l'aide du minéral directement? En un mot, les végétaux possèdent-ils seuls la puissance de fabriquer de la matière organique? Les végétaux sont-ils actuellement la condition *sine quâ non* de l'existence des animaux? Je n'ai pas le dessein de descendre jusqu'aux extrêmes limites où l'animal et le végétal semblent confondus; je trouverais aux confins des deux règnes des exemples nombreux corroborant ma manière de voir. Il y a des plantes qui se nourrissent comme des animaux; il y a des animaux qui réduisent l'acide carbonique comme les plantes par le phénomène de la *symbiose*.

La symbiose [1], comme le mot l'indique, est une vie associée ; un parasite vivant aux dépens d'un être à la vie duquel il est indispensable [2].

Je veux comparer le végétal à l'animal et mettant en parallèle l'action des racines des végétaux et les racines internes, selon la pittoresque expression de Boheraave, des animaux, c'est-à-dire leurs vaisseaux absorbants, résoudre les questions que je viens de poser.

Ce que nous savons des lois physiques et chimiques qui régissent la matière, en général, nous permet de ne pas nous arrêter aux phénomènes de l'absorption. Dans des livres bien négligés aujourd'hui, Dutrochet, puis Th. Graham, plus cultivé, Becquerel, les Becquerel, Poiseuille, les Deville, nous ont enseigné à peu près tout ce qu'il est possible d'apprendre sur l'absorption. Un phénomène, autrement étonnant que celui de l'absorption obéissant aux lois de l'osmose, de l'électro-capillarité, de la marche des liquides dans des tubes capillaires, de la dissociation chimique, c'est le

[1] De Bary. *Die Erscheinung der Symbiose*. Strasbourg, 1879.

[2] Un grand nombre de microbes vivent en nous, en nous aidant à vivre ; les uns deviennent, les autres sont devenus malfaisants, *pathogènes*, par suite d'un changement de milieu.

phénomène qui permet à la plante, à l'animal, de choisir par leurs racines, parmi les nombreux minéraux qui les entourent, ceux qui servent le mieux leurs aptitudes. On a rapproché ce phénomène de l'*irritabilité*, propriété propre aux corps vivants, mais le mot ne nous explique rien dans la circonstance.

Je sais bien que l'on a opposé à cette qualité des racines de choisir leurs aliments, des expériences de Trinchinetti[1] et P.-P. Dehérain[2] démontrant que les racines, organes passifs, absorbaient toutes les matières minérales solubles.

Oui, sans doute, mais on a oublié de mentionner les expériences de M. Lesage[3], de Rennes, expériences ne contredisant pas aux résultats des expériences de Trinchinetti et Dehérain, mais démontrant les changements morphologiques et anatomiques des plantes ayant absorbé des éléments dissouts, étrangers à leur constitution normale. Les animaux, l'homme, absorbent facilement les poisons minéraux, mais ils meurent de leur absorption.

On peut encore opposer aux expériences de Trin-

[1] *Sulla facolta assorbente delle radice de vegetabili*. Milan, 1863.

[2] *Ann. agronom.*, t. IV.

[3] P. Lesage. Compt. rend., 18 janvier 1892.

chinetti et P.-P. Dehérain les expériences de Cienkowsky[1] sur la Vampyrelle du Spirogyra, simple monère qui ne se trompe jamais sur le choix de sa nourriture.

En outre, les radicelles sont le plus souvent saturées de sels inutiles pendant qu'elles continuent d'absorber les minéraux propres à la nature de l'être vivant qui les porte, propres à la spécificité de leur protoplasme, car si la vie est une, la matière vivante est variable. Quoi qu'il en soit, l'animal n'a pas nécessairement besoin du végétal pour se nourrir de matière minérale ; il peut vivre fort bien de combinaisons minérales biodynamiques et de matière azotée exempte de matière minérale, par intussusception séparée ; l'expérience est facile à réaliser et concluante. Vous pouvez nourrir des chiens pendant des mois avec la nourriture suivante :

Albumine de blanc d'œuf pure.	25	p. 100.
Sucre candi en poudre. . . .	10	—
Eau distillée	65	—

Vous fouettez convenablement ces substances, vous les cuisez au four dans un moule ; ce gâteau, que j'appelle *gâteau d'expérience* parce que vous allez voir dans la suite le parti que nous pouvons

[1] Cienskowski. *Arch. f. mikros-anat.*, t. 1, 1865.

en tirer [1], n'a rien de désagréable au goût, au contraire.

Pour obtenir l'albumine pure, je me sers du procédé de Wurtz qui consiste à traiter l'albumine du blanc d'œuf additionnée d'eau par l'acétate basique de plomb ; l'albuminate de plomb lavé est décomposé par un courant d'acide carbonique ; le plomb dissout est précipité par l'hydrogène sulfuré.

Vous ajouterez à la nourriture azotée et hydrocarbonée ci-dessus de l'eau distillée, contenant :

Phosphoglycérate de chaux.	1 gr. 00
Chlorure de sodium	0 — 20
— potassium . . .	0 — 05
Phosphate de potasse. . . .	0 — 10
— soude	0 — 10
— magnésie. . .	0 — 05
Lactose pure	1 — 50
Eau distillée battue à l'air .	97 — 00

Cette boisson n'est pas dédaignée par les chiens.

L'animal est capable d'élaborer le minéral, mais il ne saurait, pas plus que le végétal du reste, former des tissus à l'aide du minéral directement.

Le végétal absorbe par ses racines le minéral solubilisé ; il n'absorbe pas le carbone directe-

[1] En effet, en ajoutant séparément à ce gâteau les divers éléments minéraux biodynamiques, l'on peut assister près des animaux qui s'en nourrissent aux différents accidents qui accompagnent l'absence de tel ou tel élément minéral ; c'est une sorte d'analyse biochimique.

ment, mais l'acide carbonique ; il prend à l'atmosphère, non pas le carbone directement, mais l'acide carbonique qu'il réduit, c'est-à-dire qu'il prend le carbone au point culminant de sa puissance d'affinité.

L'animal prend la matière minérale et le carbone au végétal, mais il peut prendre séparément la matière minérale en dehors du végétal et le carbone combiné au végétal, le réduire comme le végétal ; à la différence du végétal, l'animal absorbe tout son carbone et la matière minérale par les mêmes voies.

L'animal ne peut pas s'assimiler le carbone par réduction d'un composé binaire de carbone comme le végétal, autrement il jouit des mêmes prérogatives de transformation des éléments que le végétal [1] ; le végétal et l'animal font également de l'analyse et de la synthèse. L'animal comme le végétal est capable de synthèse et son rôle ne se borne pas à détruire les matériaux que les végétaux ont élaborés.

Les zymases ou ferments minéralisés remplacent dans les phénomènes de la vie les forces physiques les plus puissantes que nous sommes obligés d'employer dans les laboratoires pour la transformation de la matière.

[1] Lire Cl. Bernard. *Leçons sur les phénomènes de la vie communs aux animaux et aux végétaux.*

Le végétal appuie sa vie sur le minéral, l'animal appuie sa vie sur le végétal et sur le minéral ; l'homme appuie sa vie, tout à la fois sur l'animal, le végétal et le minéral, car la nature ne fait pas de saut, a dit Linné.

POTASSIUM

Le potassium a été isolé en 1807 par Davy. Il n'existe nulle part à l'état libre, dans la nature ; on le rencontre plus particulièrement dans les minéraux suivants : la *carnallite*, l'*alunite*, les *feldspath orthose*, *amphigène*, *mica ;* dans le calcaire sous forme d'azotate et dans les éruptions volcaniques sous forme de sulfate de potasse.

Le potassium se combine directement avec presque tous les métaux électro-négatifs ; il jouit d'une grande affinité pour l'oxygène avec lequel il se combine, à l'humidité, pour former une base puissante, la *potasse*. La potasse se trouve le plus souvent combinée à un acide ; elle a une grande affinité pour l'eau. Les métalloïdes, le carbone, décomposent la potasse à une température élevée ; le fer et quelques autres métaux la réduisent dans les mêmes conditions. La potasse, le potassium, n'existant pas dans la nature à l'état libre, les sels de potassium, quelques sels de potassium seuls nous intéressent.

Les sels de potassium que nous devons étudier sont au nombre de sept : trois sels haloïdes :

Chlorure de potassium.
Iodure —
Cyanure —

quatre sels proprement dits :

Carbonate de potassium.
Phosphate —
Sulfate —
Silicate —

Nous allons d'abord jeter un coup d'œil d'ensemble sur le rôle des sels de potasse dans le règne végétal et dans le règne animal.

La théorie minérale de la nutrition végétale, la théorie minérale de la nutrition animale sont indéniables au point de vue expérimental ; nous en discuterons les applications niées par d'aucuns, mises en doute par d'autres.

Voici un fait d'ordre analytique très général : le potassium, le phosphore, le magnesium se rencontrent dans les tissus de tous les végétaux, de tous les animaux, dans toutes les semences animales et végétales. Il n'en est pas de même des autres substances minérales. Ces trois métaux, le phosphore, le potassium et le magnésium forment le socle sur lequel s'élève la figure de la vie. Donnez à une plante tous les aliments minéraux que l'analyse, la patiente analyse, que l'expérience, la longue expérience vous aura montrés lui être indispensables, moins la potasse, l'*alcali terrestre*[1], comme on l'appelait autrefois, et la plante ne vivra pas ; elle sera monstrueuse d'abord et périra ensuite. Malgré leur parenté chimique, la soude ne peut remplacer la potasse. Vous pouvez voir sur cette table deux plantes de la même famille, vivant toutes deux dans le même milieu minéral ; seulement le milieu minéral dans lequel est enracinée la plante que vous voyez à votre droite ne contient pas de potasse. Je n'ai pas besoin de vous décrire sa misère, vous la constatez. C'est que, dans tout acte nutritif, il se fait des échanges chimiques, il se forme des acides par la réaction de la matière minérale d'abord, par dédoublement et synthèse de la matière organique ensuite. Chez les plantes, le rôle de la potasse est multiple ; elle s'y rencontre combinée aux acides ; elle est donc là comme relativement neutralisante ; puis elle sert à la réduction de l'acide carbonique et favorise conséquemment la formation de l'amidon dont elle facilite aussi la solubilité selon les expériences de Nobbe[2].

[1] *Alcali terrestre* par opposition à *alcali marin*, nom que l'on donnait à la soude.

[2] *Annales agronomiques*, t. 1, 1875.

La potasse forme le milieu intérieur des végétaux, leur milieu humoral, pour ainsi parler.

Tandis que la potasse domine dans les liquides des végétaux, elle se rencontre principalement dans les éléments organiques des animaux : cellule nerveuse, cellule musculaire, hématie, etc. ; elle se rencontre aussi en petites proportions dans les humeurs de l'organisme animal, mais le plus souvent comme produit excrémentitiel.

Quoique la potasse soit loin d'avoir pour les animaux et pour l'homme l'importance qu'elle a pour les végétaux, elle n'en est pas moins nécessaire à la vie des animaux et de l'homme.

Malgré les expériences contradictoires de Panum [1], expériences mal ordonnées, car elles ne comportaient qu'un seul élément minéral actif, le phosphate de potasse, les expériences de E. Kemmerich [2] restent très probantes.

Les animaux nourris sans potasse ou avec de la potasse seule finissent par succomber, en premier lieu, à cause de l'absence même de la potasse, et, en second lieu, à cause du défaut d'échanges chimiques.

La potasse favorise les oxydations dans le corps de l'homme et des animaux ; mais son action prin-

[1] Cité par H. Beaunis. *Nouv. élém. de Phys. hum.*, t. I, p. 80.

[2] *Pflüger's Arch.*, t. II, 1869.

cipale consiste à provoquer et à exalter l'activité de certaines zymases[1], de l'amylase pancréatique par exemple, comme nous l'ont démontré plusieurs séries d'expériences faites avec ce ferment amylolytique. C'est directement combinée avec la matière protéique que la potasse excite la zymase capable de transformer en acide lactique les hydrates de carbone du tissu musculaire. La potasse est donc indispensable à la vie des végétaux, des animaux, et, conséquemment, à la vie de l'homme.

CHLORURE DE POTASSIUM

On rencontre le chlorure de potassium dans le sol, soit isolé, soit à l'état de sel multiple de chlorure de potassium et de magnésium, formant le minéral appelé *carnallite ;* il existe à l'état de pureté, en cristaux, sous le nom de *sylvine*, dans les mines de Stassfurth ; on trouve le chlorure de potassium dans les eaux de la mer, dans les cendres des végétaux.

L'Océan contient :

Chlorure de potassium . . . 0 gr. 50 p. 1000.

[1] Voir Knapp. Ueber den Einfluss der kali und natron Salze auf die Alkoolgahrung. *Ann. de Chem. und Phys.*, 1872.

La Méditerranée contient :

Chlorure de potassium . . .	0 gr. 70 p. 1000.

La mer Morte contient :

Chlorure de potassium.	32 gr. p. 1000 (Gmelin).
— —	35 — — (Boussingault).

On peut extraire le chlorure de potassium des goémons ; il est soluble dans trois parties d'eau froide ; à la température du corps humain l'eau dissout 38 gr. 5 p. 100 de chlorure de potassium ; sa dissolution dans l'eau froide est endo-thermique. En vertu d'un principe de thermo-chimie, *principe du travail maximum,* le chlorure de potassium se formera de préférence à tous les autres chlorures de l'organisme, la combinaison du chlore avec le potassium dégageant la plus grande somme de chaleur.

Le chlorure de potassium cristallise en cubes ou en prismes rectangulaires anhydres. La solubilité du chlorure de potassium augmente à mesure que s'élève la température.

Le chlorure de potassium se rencontre en plus grande abondance dans les humeurs des animaux que dans les humeurs de l'homme, dans les urines des herbivores que dans les urines des carnivores. D'après Schmidt [1], le sérum sanguin fournit à

[1] C. Schmidt. *Charakteristik der Epid.* Leipzig, 1850.

l'analyse 0 gr. 27 p. 1000 de chlorure de potassium contre 3 gr. 417 p. 1000 de chlorure de sodium ; les globules rouges, au contraire, donnent 1 gr. 353 p. 1000 de chlorure de potassium et ne donnent point de chlorure de sodium.

Voici un tableau indiquant les quantités de chlorure de potassium contenues dans quelques humeurs et tissus :

	Chlorure de potassium.
Sérum sanguin.	0 gr. 27 p. 1000.
Hématies	1 — 353 —
Lymphe.	0 — 784 —
Salive.	0 — 920 —
Bile.	0 — 288 —
Suc pancréatique. . . .	0 — 940 —
Suc intestinal	0 — 782 —
Lait de femme.	0 — 555 —
Muscles	5 — 430 —

De toutes les substances de l'organisme les globules rouges et les muscles sont les plus riches en chlorure de potassium.

IODURE DE POTASSIUM

L'iodure de potassium est le résultat de la combinaison de l'iode au potassium ; c'est un solide blanc cristallisé en cubes ; la dissolution de l'iodure de potassium dans l'eau est endo-thermique. L'iodure de potassium est soluble dans l'alcool.

100 parties d'eau dissolvent : iodure de potassium = 140 parties ; 900 parties d'alcool dissolvent : iodure de potassium = 18 parties. L'iodure de potassium a une grande tendance à se combiner aux autres iodures métalliques ; il n'a pas été signalé dans la constitution des tissus de l'homme ou des animaux dont quelques-uns cependant contiennent de l'iode ; il paraît vraisemblable que l'iode déterminé dans toutes les plantes par M. Chatin père est introduit dans l'organisme, sous forme d'iodure, par l'alimentation végétale.

CYANURE DE POTASSIUM

Le cyanure de potassium existe dans la salive de l'homme sous la forme inoffensive de sulfo-cyanure dans la proportion de 0,08 p. 1000.

CARBONATE DE POTASSE

Le carbonate de potasse provient de la dissociation des roches ; le carbonate neutre cristallise en tables rhomboïdales avec deux équivalents d'eau.

100 parties d'eau dissolvent : carbonate neutre de potasse = 109 parties. La chaux décompose le carbonate de potasse en présence de l'eau ; il se forme du carbonate de chaux et de la potasse hydratée.

L'homme emprunte le carbonate de potasse aux animaux et aux végétaux ; non point que les végétaux soient riches de ce sel ; mais parce que les acides organiques qui sont combinés avec la potasse dans les plantes, se transforment partiellement en acide carbonique. Le carbonate de potasse ne peut exister que d'une façon transitoire et fugace dans l'organisme humain, à l'état normal, mais dans certains états pathologiques le carbonate de potasse prend la place du phosphate de la même base.

Le carbonate de potasse se trouve en quantité considérable dans le suint. 1.000 kilogrammes de laine donnent par le lavage 75 kilogrammes de carbonate de potasse et de suintate de potasse.

PHOSPHATES DE POTASSE

Les phosphates de potasse sont solubles dans l'eau ; ils se rencontrent dans l'économie sous forme de phosphate acide, de phosphate neutre ou dipotassique et de phospho-glycérate. Le phospho-glycérate de potasse se trouve dans l'ovaire, dans le sperme, dans la substance blanche du système nerveux ; en petite quantité dans la substance grise et dans le jaune de l'œuf.

Le phosphate dipotassique se trouve en quantité

notable dans l'hématie ; en petite quantité dans le sérum sanguin.

Le bi-phosphate de potasse ou phosphate acide se rencontre dans le tissu musculaire.

SULFATE DE POTASSE

Le sulfate neutre de potasse est un sel anhydre cristallisé en prismes à six pans terminés par des pyramides hexaèdres ; le sulfate de potasse est soluble dans 12 parties d'eau froide et dans 4 parties d'eau bouillante (G-L.).

Les cendres des varechs, des betteraves sont riches en sulfate de potasse ; le salin des varechs en contient 10 p. 100, en moyenne.

Le sulfate de potasse du corps des animaux ou de l'homme ne saurait provenir directement des aliments ; il est, en grande partie du moins, le résultat de l'oxydation du soufre organique et de la combinaison de l'acide sulfurique produit de l'oxydation du soufre organique, avec la potasse d'autres sels potassiques organiques ou inorganiques.

SILICATE DE POTASSE

Nous avons pu doser une certaine quantité de silicate de potasse dans la substance blanche des centres nerveux, principalement dans la substance blanche du cerveau du bœuf.

Quelques sels de potasse produisent dans le foie des altérations qui ne sont peut-être pas sans analogie avec l'action négative d'autres sels de potasse sur la transformation de l'amidon autochtone des plantes.

Je ne tirerai pas des expériences de M. Bouchard sur la kali-infection toutes les déductions, tous les à priori qu'elles comportent; mais la vaccination par les sels de potasse contre l'empoisonnement par les sels de potasse, contre la kali-infection, nous démontre la possibilité de modifier le milieu minéral d'un être vivant et conséquemment de modifier ses aptitudes pathologiques.

TROISIÈME LEÇON

SELS DE POTASSIUM (SUITE). — SODIUM

Messieurs,

Nous avons étudié dans la dernière leçon les caractères chimiques des sels de potasse, leur distribution dans l'organisme. Nous nous occuperons aujourd'hui des combinaisons organisées du potassium, des sels de potassium, en suivant l'ordre établi dans le tableau que nous avons mis sous vos yeux.

Des expériences de Nobbe, Erdmann et Schœder[1] il résulte ce fait très précis : la chlorophylle ne produit l'amidon autochtone, c'est-à-dire de l'amidon formé dans les cellules de chlorophylle par polymérisation de l'aldéhyde méthylique, que sous l'influence de la potasse quelle que soit, d'ailleurs, la combinaison dans laquelle la potasse se trouve engagée.

Je vous ai démontré, par une expérience saisis-

[1] *Ann. agron.*, t. I, 1875.

sante, dans la dernière leçon, que la potasse était indispensable au développement de la plante ; ainsi voilà deux faits bien établis : la plante ne peut croître sans potasse ; la plante ne peut transformer sa chlorophylle en grains d'amidon sans potasse.

La chlorophylle est riche en matière minérale ; elle en contient 1 gr. 692 p. 100, et, au sein de cette matière minérale nous distinguons tout particulièrement le *magnésium*.

Lorsque la chlorophylle magnésienne a fourni de l'amidon, la végétation suivant son cours régulier devra dissoudre l'amidon et l'amener par une série de tranformations à former de la cellulose, de nouveaux organes, enfin.

De tous les sels de potassium celui qui sert le mieux la condensation, la polymérisation de l'aldéhyde formique, résultat déjà éloigné de la réduction de l'acide carbonique, c'est le *chlorure de potassium*.

Le sulfate de potasse et le phosphate de potasse favorisent la formation de l'amidon autochtone, mais ils sont impuissants à le solubiliser et l'amidon s'accumule dans les feuilles de la plante qui devient malade par suite d'un vice de nutrition produit par *inaptitude minérale, par défaut d'une minéralisation appropriée.*

En rapprochant de ces observations les expériences comparatives que nous avons faites à la fin de l'année 1894[1], nous pourrons interpréter l'action du chlorure de potassium comme générateur de l'amidon dans les cellules à chlorophylle, comme dissolvant de ce même amidon destiné à la formation des tissus. En effet, les sels de potasse sont la dominante minérale d'action des diastases végétales ou animales capables de transformer l'amidon en glucose, et parmi les sels de potasse, le chlorure de potassium est le plus actif agent incitateur de l'*amylase*. Ne pouvant pas arriver à débarrasser l'amylase végétale ou l'amylase animale entièrement de la potasse sans détruire le ferment lui-même, je pris le moyen détourné suivant.

Je faisais agir, sur un poids déterminé d'empois d'amidon, un poids connu d'amylase végétale ou de pancréatine ; je mettais à l'étuve et au bout de trente-six heures je dosais exactement le sucre par la méthode de Soxhlet; cette expérience, répétée simultanément sur un même poids d'amidon avec un même poids de différents échantillons d'amylase ou de pancréatine, nous donnait une sorte d'étalon de glucose, considérant comme tel le produit de la fermentation, un terme de comparaison pour la suite de mes essais.

[1] J. Gaube (du Gers). *Le sol animal et les ferments*. (*Loc. cit.*)

Un même poids d'amylase et de pancréatine fut additionné, dans des récipients différents, d'équivalents égaux de chlorure de calcium, de chlorure de sodium et de chlorure de potassium.

Avec le chlorure de calcium la quantité de glucose produit avait sensiblement diminué ; avec le chlorure de sodium la quantité de glucose était sensiblement égale aux expériences d'essai ; avec le chlorure de potassium la quantité de glucose avait doublé.

Nous avons répété ces mêmes expériences avec des sels neutres de chaux, de potasse et de soude ; les résultats que nous avons obtenus n'ont pas dépassé en glucose la moyenne normale obtenue dans les expériences d'essai ; dans quelques cas le glucose est resté au-dessous de la normale.

Il y a, dans ces expériences, plus que de l'analogie, il y a concordance absolue d'effet. Les amylases végétales et animales obéissent au même excitant, le *chlorure de potassium*.

Il n'est point dans la nature, chez le végétal comme chez l'animal, de ferment plus répandu que l'amylase ; nous l'avons trouvé dans la sueur des animaux, dans la sueur de l'homme qui contient également près de 0,25 p. 1000 de chlorure de potassium.

Partout où vous rencontrerez une amylase vous

pourrez être assurés de rencontrer le chlorure de potassium et réciproquement partout où vous rencontrerez le chlorure de potassium vous trouverez une amylase, de quelque nom que vous l'appeliez ; ainsi le muscle est riche en chlorure de potassium ; il contient une amylase comparée à la ptyaline, que l'on a appelée, je crois, ptyaline musculaire.

Mieux encore, la quantité de chlorure de potassium dosé nous indiquera l'énergie dont sont capables les organes, les tissus. Est-il besoin de vous rappeler la laborieuse énergie du muscle et sa richesse en chlorure de potassium ?

Le chlorure de potassium dissout certaines globulines, et c'est associé aux globulines, qui en retiennent toujours une partie, que l'on rencontre le chlorure de potassium dans l'organisme.

Isolément, le chlorure de potassium n'est capable d'*aucune action bio-chimique*, non plus que les autres sels, du reste.

L'iodure de potassium fournit à l'organisme végétal des composés albumino-métalliques encore inconnus, quoique M. Chatin ait signalé l'iode dans toutes les plantes.

Nous connaissons dans l'organisme animal un composé iodo-protéique dont nous aurons occasion de nous occuper en étudiant l'iode. On ne connaît pas chez l'homme sain de combinaison albumino-iodurée.

Le cyanure de potassium, ou plutôt le sulfocyanure de potassium, est un élément inconstant de la salive humaine. Est-il l'expression d'une fermentation particulière d'une des glandes salivaires ? Peut-on le considérer comme un produit d'excrétion ? Nous nous efforcerons de répondre à ces questions lorsque nous examinerons la composition des glandes salivaires et de la salive.

Je vous disais dans la dernière leçon que je considérais les *carbonates de potasse* chez l'homme sain comme transitoires et fugaces au sein de l'économie. Dès que les carbonates sont formés ils sont ou décomposés ou éliminés ; leur décomposition a lieu au contact des sels terreux et la peau se charge de l'élimination de ceux qui n'ont pas été décomposés. Les sécrétions cutanées, en effet, éliminent une grande quantité d'acide carbonique libre (7 grammes en moyenne par vingt-quatre heures) ou combiné, notamment des carbonates terreux, des carbonates, des carbo-phosphates alcalins, des carbonates de potasse, de l'albumino-carbonate de potasse, car le carbonate de potasse entraîne avec lui de la matière protéique qui entre pour un facteur assez important dans le total de l'azote éliminé par la sueur, lequel azote est pour l'homme de 0,633 p. 1000 et de 2 gr. 449 p. 1000 pour le cheval[1].

Le carbonate de potasse se trouve dans le cerveau dans la proportion de 0,91 p. 1000.

Les phosphates de potasse, avons-nous dit, existent, dans le corps de l'homme, à l'état de combinaison organique, à l'état de phosphoglycérates, à l'état neutre, à l'état acide.

Le phosphoglycérate de potasse fait partie intégrante de la substance blanche du système nerveux, du sperme, du milieu ovarien, d'après nos analyses; les phosphoglycérates sont le produit déjà avancé d'un travail de désagrégation organique, car l'acide phosphoglycérique est le résultat du dédoublement de la lécithine, substance complexe, singulière, corps gras, acide et base tout à la fois, riche en phosphore, possédant une affinité marquée pour la potasse.

Le phosphate neutre de potasse se rencontre dans le plasma sanguin, mais principalement dans le globule rouge, dans le plasma musculaire. Le phos-

[1] J. Gaube (du Gers). *Des Hidrozymases*. Soc. de Biol., 31 novembre 1891.

phate neutre de potasse, comme le carbonate de potasse, possède la propriété de dissoudre les globulines ; c'est par le dédoublement des globulines que se forme le phosphate acide de potasse qui se trouve dans le milieu musculaire, dédoublement qui donne un albuminate de potasse, un ferment par conséquent et un sel acide de potasse, un phosphate acide.

C'est donc aux lécithines d'une part, c'est aux globulines d'autre part, que se trouvent liés les sels de potasse dans l'organisme ; l'analyse ultérieure des tissus nous permettra de nous étendre fort longuement sur toutes les transformations albumino-salines tant au point de vue physiologique qu'au point de vue pathologique, mais nous ne sommes pas encore préparés pour ce travail.

La lutte que se livrent, depuis les temps géologiques, l'acide carbonique et l'acide silicique permet de supposer, *à priori*, que l'acide silicique doit se rencontrer à côté de la soude et de la potasse carbonatées. Le silicate de potasse existe, en effet, à côté du carbonate de potasse dans la substance blanche du système nerveux, tout au moins chez certains bovidés.

SODIUM

Le sodium a été isolé en 1807 par H. Davy. Le sodium est très répandu dans la nature, mais jamais à l'état libre, toujours à l'état de combinaison, combiné avec le chlore, le plus souvent sous forme de chlorure de sodium.

Quoique très vives, les affinités chimiques du sodium sont moins grandes que celles du potassium.

Le sodium forme avec l'oxygène une base puissante, la *soude*.

En se combinant aux métalloïdes et aux acides, le sodium produit un grand nombre de sels dont la plupart sont fort intéressants pour nous. Tels sont :

Le chlorure de sodium ;

L'iodure ;

Les carbonates de soude ;

Les phosphates ;

Le sulfate.

Le chlorure de sodium, comme le sodium dont il dérive, est un des sels les plus répandus de la nature : il est en solution dans les eaux de la mer, mais en solution de concentration différente, car toutes les mers ne sont pas également salées.

La Méditerranée contient :

Culorure de sodium. . . . . . . 27 gr. p. 1000.

L'Océan contient :

Chlorure de sodium	25 gr. p. 1000.

La mer Morte contient :

Chlorure de sodium (Gmelin) . . .	70 gr. p. 1000.
— — (Boussingault).	64 — —

Le chlorure de sodium est au sein de la terre en couches abondantes, au milieu de différents terrains, depuis les trias jusqu'au tertiaire.

L'extraction du chlorure de sodium, soit des eaux de la mer, soit des couches terrestres, forme une industrie des plus intéressantes et des plus utiles à cause des nombreux usages du sel.

Le chlorure de sodium est presque aussi soluble à la température ordinaire qu'au point d'ébullition de l'eau qui en est saturée :

100 parties d'eau à + 15° C. dissolvent :

Chlorure de sodium	35,81 parties.

100 parties d'eau à + 109°7, point d'ébullition de l'eau saturée de sel marin, dissolvent :

Chlorure de sodium (G.-L.). . .	40,38 parties.

Le chlorure de sodium se rencontre dans tous les liquides de l'organisme, dans le sérum sanguin, dans la lymphe, dans la bile, dans le chyle, dans le suc pancréatique, dans le lait, etc.

La quantité de chlorure de sodium que contient le corps d'un homme sain peut osciller entre 190 et 230 grammes ; je dis de l'homme sain, car il y a peu d'éléments minéraux biologiques sur lesquels la maladie retentisse d'une manière aussi rapide et avec autant d'intensité. Le tuberculeux, même le tuberculeux qui se nourrit copieusement, est hypochloruré.

Le chlorure de sodium est un bactéricide puissant[1].

Voici un tableau indiquant la quantité de chlorure de sodium contenu dans un certain nombre de liquides du corps humain :

	Chlorure de sodium.
Plasma sanguin	3 gr. 59 p. 1000.
Sérum sanguin	4 — 94 —
Bile prise dans la vésicule.	2 — 25 —
Bile de sécrétion récente .	3 — 54 —
Lymphe.	3 — 88 —
Chyle.	5 — 80 —
Suc pancréatique (fistule).	3 — 06 —
Lait.	0 — 90 —
Synovie.	5 — 22 —
Liquide encéphalo-rachidien.	4 — 42 —

Le chlorure de sodium étant le sel de tous les liquides du corps humain, l'homme ne peut vivre

[1] Schwarz-Senhorn. *Deutsche medizinal Zeitung*, n° 42, 1896. — F.-J. Bosc et V. Vedel. Comptes rendus, t. CXXIII, p. 320.

sans sel. Il y a des exceptions dans l'espèce humaine. Les aborigènes du bassin de la Sanga empruntent à certaines graminées une sorte de *salin* dont l'analyse révèle plus de 90 p. 100 de chlorure de potassium ; les peuplades disséminées dans le vaste espace qui sépare le Congo du lac Tschad se servent de ce salin, c'est-à-dire du chlorure de potassium pour saler leurs aliments. Cette exception me paraît devoir troubler considérablement l'argumentation de Bunge[1] sur la nécessité du sel marin dans l'alimentation de l'homme et des herbivores exclusivement ; le sel répugnerait aux carnivores. Cependant, nous savons, par expérience, que le chlorure de potassium ajouté aux aliments à la place du chlorure de sodium, produit les troubles les plus graves dans la nutrition ; les animaux succombent par suite d'inaptitude minérale. Le chlorure de sodium agit dans l'organisme comme agent de diffusion des albuminoïdes, mais surtout par les doubles décompositions qu'il fournit avec les autres sels.

Bunge, qui a été surpris « que de tous les sels inorganiques de notre corps, nous n'en tirions qu'un seul, le chlorure de sodium, de la nature

[1] Bunge. *Cours de chimie biologique et pathologique*, traduit sur la deuxième édition allemande par le Dr Jacquet. Paris, 1891, p. 109 et suiv.

inorganique pour l'ajouter à notre alimentation, tandis que les quantités des autres sels contenus dans les aliments organiques nous suffisent[1], se demande pourquoi le sel de cuisine qui ne manque pas dans les aliments végétaux ou animaux qui contiennent des quantités notables de chlorure de sodium ne nous suffit pas. » Bunge donne de ce besoin exceptionnel de chlorure de sodium l'explication suivante. Il a observé que les herbivores seuls avaient besoin d'un supplément de sel de cuisine, alors que tel n'est pas le cas pour les carnivores. Le chien, le chat, montrent une grande répugnance pour les aliments salés, tandis que les herbivores recherchent le sel avec avidité ; voilà pour les animaux domestiques ; la même observation a été faite pour les animaux vivant à l'état sauvage ; tout le monde connaît la ruse des chasseurs qui répandent du sel sur le sol pour attirer les ruminants et les solipèdes ; les carnassiers passent indifférents. En outre, les herbivores absorbent par l'alimentation une quantité de potasse trois ou quatre fois plus grande que les carnivores. D'où cette conjecture que la richesse en potasse de l'alimentation végétale pourrait bien

[1] Nous considérons cette affirmation comme une erreur ; des nombreuses analyses publiées un peu partout par d'autres et par nous, il ressort que la minéralisation moyenne normale est assez rare.

être la cause de ce besoin invincible de chlorure de sodium des herbivores. En effet, si un sel de potasse, par exemple, le carbonate de potasse, se rencontre en solution avec du chlorure de sodium, il se formera, par double décomposition, un chlorure de potassium et un carbonate de soude. Or, le chlorure de sodium est le composant inorganique principal du plasma sanguin. Les sels de potasse introduits dans le sang par l'alimentation se trouveront en présence du chlorure de sodium; il se formera du chlorure de potassium et un sel de potasse comme dans le cas précédent. Ainsi le sang contiendra un sel de soude et un sel de potasse étranger à sa constitution normale. Or, le rein a pour fonction de maintenir le sang dans sa composition normale et il éliminera tout à la fois et le chlorure de potassium et le sel de soude anormal ou en excès; mais le sang aura perdu du chlore et du sodium, du chlorure de sodium; c'est pour remplacer le chlore et le sodium éliminés en excès que l'organisme doit absorber une certaine quantité de sel supplémentaire. En résumé, une nourriture riche en potasse entraîne nécessairement une consommation supplémentaire de sel marin. Bunge a fait des expériences sur lui-même pour démontrer que les réactions avaient réellement lieu dans l'organisme telles qu'il les avait prévues, et il a trouvé que 18 grammes de potasse, pris dans les vingt-quatre heures, en trois doses, sous forme de citrate ou de phosphate, enlevaient à son organisme 6 grammes de chlorure de sodium et 2 grammes de sodium, car la double décomposition se fait avec tous les sels de soude, albuminates, carbonates et phosphates. Puis, Bunge s'appuie sur la philologie et l'ethnographie pour corroborer sa thèse ; je ne le suivrai pas jusque-là. Enfin notre auteur rappelle que les premiers vertébrés ayant habité notre planète étaient tous marins. Ici, je cite textuellement : « La richesse en chlorure de sodium des vertébrés terrestres actuels serait-elle, peut-être, une preuve de plus des rapports généalogiques que les observations morphologiques nous forcent à accepter ? Chacun de nous a passé par un état de développement où il avait la corde dorsale et les fentes branchiales de nos ancêtres marins. Pourquoi la richesse en chlorure de sodium ne serait-elle pas un héritage de cette époque éloignée ? » L'homme, loin d'être... *un dieu tombé qui se souvient des cieux* (Lamartine), serait un ancien habitant de la mer cherchant à s'adapter actuellement encore à un milieu pauvre en sel marin.

J'ai cru de mon devoir de vous exposer tout au long les théories de Bunge sur le besoin impérieux de sel marin ; le développement de ces théories occupe une des meilleures parties de son cours, si instructif, de chimie biologique.

Vous retrouverez cette rotation entre les sels de potasse et les sels de soude, exposée par Bunge, dans certaines toxhémies, dans la tuberculose pulmonaire, par exemple; le chlorure de potassium devient le sel dominant des urines du tuberculeux, mais la potasse au lieu de provenir des aliments provient des hématies et des muscles, réserves ordinaires de la potasse [1].

[1] J. Gaube (du Gers). *Sol de l'arthritique, du neurasthénique et du tuberculeux.* (*Bulletin de thérapeutique*, avril 1896.)

QUATRIÈME LEÇON

SODIUM (SUITE). — CALCIUM.

Messieurs,

J'ai terminé ma dernière leçon par l'exposé des hypothèses à l'aide desquelles Bunge croit pouvoir expliquer le besoin impérieux de sel marin qu'éprouvent les animaux et l'homme, et, parmi les animaux, les herbivores notamment. Le chlorure de sodium est un agent puissant, puissant surtout par sa masse, d'échanges chimiques, de diffusion des matières albuminoïdes, mais cette dernière propriété ne lui appartient pas en propre, il la partage avec tous les sels neutres de l'organisme. L'équivalent de diffusion des combinaisons albumino-minérales est en raison inverse de la solubilité des sels avec lesquels la matière minérale est engagée ; ainsi le chlorure de sodium entraînera moins de matière protéique à travers le septum d'un dialyseur que le carbonate de soude, le carbonate de soude moins que les phosphates terreux, etc. ; c'est vous dire que les albuminoïdes qui accompagnent les différentes combinaisons minérales ne possèdent pas au même degré l'aptitude aux transformations chimiques, et que ces transformations varient effectivement avec la nature de la minéralisation des albuminoïdes, ce que nous avons traduit dans notre première leçon par cet énoncé : les transformations vitales de la matière protéique sont corrélatives de la fonction chimique inhérente à la nature de sa minéralisation.

Le chlorure de sodium en solution légère est un dissolvant des globulines qu'il précipite en solution concentrée.

L'homme excrète, en moyenne, 20 grammes par jour de chlorure de sodium ; 12 grammes par les urines, le reste par la sueur, la salive, les larmes, le mucus nasal, les excréments.

En sus du sel que nous prenons directement par nos aliments nous consommons individuellement, en moyenne, en France, 27 grammes de sel par jour, soit 10 kilogrammes par tête et par an.

Il existe chez certaines personnes et chez certains animaux une perversion du goût qui leur fait rechercher le sel et en user avec excès. A doses élevées le sel devient un poison qui tue entre seize et vingt-quatre heures ; 180 grammes de sel tuent un mouton ; 125 grammes un porc ; 1.000 grammes un cheval ; 1.500 grammes un bœuf ; l'amaigrissement et le dépérissement sont la conséquence de l'abus du sel.

Le sel a une action très marquée sur la puissance génératrice et conséquemment sur la propagation et la conservation des races ; cette action du sel est indirecte ; elle provient de la mise en mouvement par double décomposition des sels de magnésium, de potassium et de l'acide phosphorique que l'on retrouve en plus grande abondance dans les excreta ; nous avons vu que le phosphore, le potassium et le magnésium étaient les trois piliers qui supportaient l'édifice de la vie.

Le sel entretient l'activité des forces musculaires, mais il accélère le désassimilation des albuminoïdes et augmente la quantité d'azote éliminé par les urines de plus du double, de l'azote utile, s'entend, de l'azote de l'urée.

CARBONATE DE SOUDE

Le sang, la salive parotidienne, la lymphe et l'urine des herbivores contiennent des carbonates alcalins sous la forme de carbonate double de sodium et de potassium.

Les phosphates alcalins remplacent en grande partie les carbonates dans le sang et les urines des carnivores.

Le carbonate de soude est un sel blanc, incolore, cristallisant en gros prismes rhomboïdaux qui contiennent 62,69 p. 100 d'eau.

Voici la table de solubilité, du carbonate de soude, de Poggiale :

TEMPÉRATURE	EAU	CARBONATE de soude anhydre.	CARBONATE de soude cristallisé.
0°	100 parties	7,08	21
10°	—	16,66	41
20°	—	25,83	93
25°	—	30,83	
30°	—	35,90	
104°	—	48,50	

On connaît quatre hydrates de carbonate de soude : le premier avec un équivalent d'eau ; le deuxième avec cinq équivalents d'eau ; le troisième avec huit équivalents d'eau, et, enfin, le carbonate de soude ordinaire avec dix équivalents d'eau.

Le phosphore réduit les carbonates de soude et de potasse ; il s'empare de l'oxygène de ces carbonates et laisse déposer le carbone.

La chaux et la magnésie décomposent les carbonates de soude et de potasse ; elles s'emparent de l'acide carbonique et laissent libres les bases alcalines.

Le bicarbonate de soude est blanc; il cristallise en prismes rectangulaires à quatre pans.

TABLEAU DE SOLUBILITÉ (Poggiale).

Température.	Eau.	Bicarbonate de soude dissous.
+ 10°	100	10 gr. 04
70°	—	16 — 69

La tension de dissociation du bicarbonate de soude est assez élevée ; à partir de 70°, il perd une partie de son acide carbonique.

Le carbonate de soude précipite en blanc les sels de magnésie; le bicarbonate de soude ne les précipite pas.

Les carbonates alcalins de l'organisme ont une double origine; ils sont le résultat de la combinaison avec la soude et la potasse de l'acide carbonique produit par la décomposition des acides organiques des aliments et de la combinaison avec les mêmes bases de l'acide carbonique produit, par la réduction des graisses, des hydrocarbures, des albuminoïdes dont le dernier terme de réduction est l'acide carbonique et l'eau.

Les nucléines et les nucléo-albumines sont solubles dans le carbonate de soude.

Le sang contient :

Carbonate de soude. . . 1 gr. 40 p. 1000.

La lymphe contient :

Carbonate de soude. . . 1 gr. 20 p. 1000.

PHOSPHATES DE SOUDE

Les phosphates de soude ont été particulièrement étudiés par Graham.

Le phosphate disodique cristallise en prismes rhomboïdaux obliques ; il est soluble dans quatre parties d'eau froide et dans deux parties d'eau bouillante. Le phosphate disodique est le phosphate des humeurs ; le phosphate acide de soude ou monosodique est polymorphe ; très soluble dans l'eau, il est peu répandu dans l'organisme. Quant au phosphate trisodique ou basique, il ne paraît pas avoir d'usages physiologiques ; il cristallise en prismes à six pans terminés par des faces obliques.

Les phosphates de soude de l'organisme proviennent de l'alimentation, indirectement ; je dis indirectement parce que ce n'est pas à l'état de phosphates alimentaires qu'ils sont absorbés directement. Ils subissent d'abord l'action des acides du suc gastrique ; ils subissent ensuite l'action de la bile, du suc pancréatique et du suc intestinal.

Le phosphate neutre de soude existe dans le sang où il favorise la dissolution des urates, des oxalates, et aussi l'absorption de l'acide carbonique par la formation des carbo-phosphates ou sels de Fernet, ainsi appelés parce que ce fut Fernet qui dans sa thèse inaugurale en Sorbonne démontra le premier l'absorption de l'acide carbonique par les phosphates alcalins du sang.

Le phosphate neutre de soude sert à la diffusion des matières albuminoïdes comme les carbonates ; comme les carbonates alcalins il dissout les nucléines, les nucléo-albumines, mais la nucléine décompose les carbonates alcalins et se combine avec une partie de la soude et de la potasse, tandis que le phosphate docile se charge de l'acide carbonique.

Le chimiste est surpris, dit Liebig, de voir que deux acides si différents, l'un des plus forts, l'autre des plus faibles, puissent former avec les alcalis du sang des composés qui ont les mêmes caractères chimiques.

Le phosphate de soude[1] a une saveur et une réaction alcalines comme le carbonate de la même base. Une solution de phosphate de soude en présence de l'acide carbonique libre absorbe autant de cet acide que le carbonate de soude lui-même ; de même, soumise à l'évaporation ou au vide, cette

[1] La pulvérisation fait subir au phosphate disodique plusieurs modifications dont la plus facile à constater est la diminution de sa solubilité.

solution laisse dégager presque aussi facilement que la solution de carbonate de soude l'acide carbonique qu'elle a absorbé, et, cela, sans perdre la propriété d'absorber à nouveau.

Le sang humain contient :

Phosphate de soude. . . . . 0 gr. 443 p. 1000.

Le lait contient :

Phosphate de soude. . . . . 0 gr. 227 p. 1000.

L'urine contient :

Phosphate de soude (acide) . 3 gr. 40 p. 1000.

SULFATE DE SOUDE

Le sulfate de soude, sel admirable de Glauber, existe en gisements épais dans la vallée de l'Ebre ; on le rencontre dans un grand nombre d'eaux minérales ; le sulfate de soude est un sel incolore qui cristallise en grands prismes à quatre pans, terminés par des sommets dièdres, avec dix équivalents d'eau ; il est très soluble dans l'eau ; sa solubilité croît avec la température jusqu'à 32°. La dissolution du sulfate de soude est endo-thermique.

Le sulfate de soude n'existe ni dans le suc gastrique, ni dans la bile, ni dans le lait. Le sulfate que contient le sang et qui n'est autre que le sulfate de potassium pour la plus grande partie est un produit de désassimilation. Il paraît probable que les acides sulfo-conjugués combinés aux bases alcalines sont le résultat d'une fermentation particulière puisque leur filiation est difficile à réaliser artificiellement ; or, nous vous l'avons déjà dit, les ferments tiennent lieu dans les phénomènes de la vie des forces physiques violentes qui métamorphosent la matière dans nos laboratoires.

Quoi qu'il en soit, les sulfates alcalins sont les antidotes chimico-physiologiques des phénols.

Je ne vous parle pas de l'iodure de sodium ; je vous répéterais ce que je vous ai dit à propos de l'iodure de potassium.

Maintenant que nous connaissons les sels biodynamiques de soude, nous pouvons considérer la soude dans l'organisme.

Vous vous rappelez que le potassium forme le milieu minéral intérieur, le milieu humoral de la plante. La potasse est une base très puissante favorisant énergiquement les oxydations et les réductions, par conséquent nécessaire pour subjuguer les éléments de la vie épars dans la nature. La potasse se retrouve chez les animaux et chez l'homme partout où une action puissante, une vive énergie sont indispensables, mais elle demeure confinée dans les tissus.

La soude, au contraire, forme le milieu intérieur,

le milieu humoral de l'animal et de l'homme ; nous vivons constamment, comme je l'ai écrit quelque part, dans un bain salé intérieur.

Si vous privez un animal de sodium, le sodium disparaît des urines assez promptement ; le sang retient la soude, mais bientôt apparaissent des phénomènes d'intoxication, d'asphyxie, et, l'animal succombe dès que ses réserves de sodium sont épuisées, épuisées non pas par excrétion seulement, mais bien par des combinaisons salines multiples, puis par défaut d'échanges, de double décomposition des sels de sodium avec les autres sels.

La soude neutralise les acides organiques qui résultent du dédoublement des albuminoïdes ; elle favorise principalement les fermentations de la vie végétative, compense l'élévation de température du travail chimique, dans une certaine mesure, et, par une singulière antithèse dont la vie est coutumière, tandis que la soude, milieu humoral de la vie capable de relation, de translation, préside chez les animaux et chez l'homme aux tranquilles transformations, de la matière protéique, la potasse, milieu humoral de la vie enracinée dans la terre qu'elle ne peut quitter, devient chez l'animal, chez l'homme, l'agent incitateur du mouvement.

CALCIUM

Le calcium a été isolé en 1808 par Davy ; c'est un métal blanc jaunâtre ; il s'oxyde à l'air humide et forme un protoxyde, la *chaux*. Le protoxyde de calcium est solide, blanc, amorphe, très avide d'eau, très alcalin.

La chaux est plus soluble à froid qu'à chaud ; une partie de chaux se dissout, d'après Dalton, dans 778 parties d'eau de 0° à + 15°, et, dans 1270 parties d'eau à + 200°. La chaux absorbe facilement l'eau et l'acide carbonique.

La chaux combinée à l'acide carbonique est le minéral le plus répandu de notre globe ; elle constitue la plus grande partie de nos continents. De formation sédimentaire, elle se trouve à tous les étages depuis le silurien jusqu'aux formations marines et fluviales récentes. On rencontre la chaux combinée aux trois acides, carbonique, sulfurique et phosphorique, dans le *spath d'Islande*, l'*aragonite*, les *stalactites*, les *stalagmites*, l'*albâtre*, le *corail*, le *marbre*, le *calcaire grossier*, la *craie*, la *dolomie*, la *marne*, le *gypse*, la *fluorine*, l'*apatite*, la *phosphorite*, les *phosphates amorphes* qui se trouvent à tous les étages géologiques.

La chaux existe encore dans la nature à l'état de

chlorure de calcium, d'arséniate et de tungstate de chaux.

De toutes ces combinaisons de la chaux, il n'y en a qu'un petit nombre qui puissent nous intéresser spécialement, ce sont :

Le chlorure de calcium;
Le fluorure —
Le carbonate —
Les phosphates —
Le sulfate —

Le chlorure de calcium se rencontre dans l'eau de mer, dans l'eau de rivière, dans l'eau de source; sa solution dans l'eau est endo-thermique.

Le chlorure de calcium fournit, par double décomposition, des chlorures de potassium et de sodium, des sels doubles acides de chaux; c'est probablement sous forme de sel double que les phosphates se trouvent dans le suc gastrique, c'est-à-dire sous forme de chlorhydro-phosphates de chaux, bien que Braconnot ait signalé le chlorure de calcium dans le suc gastrique; aussi n'ai-je jamais rencontré le chlorure de calcium isolé dans l'organisme; nous devons admettre que sa présence est éminemment favorable à la formation des carbonates calciques et des phosphates de chaux solubles.

Le chlorure de calcium est un agent puissant

de diffusion des albuminoïdes; c'est un fixateur d'azote.

Le fluorure de calcium, comme la plupart des autres sels de chaux est très répandu dans la nature. Berzelius, le premier, l'a désigné dans la composition des os; on a constaté sa présence dans l'émail des dents, dans le cerveau, dans le lait, dans le sang.

Le fluorure de calcium semble jouer dans l'économie le rôle d'antidote par rapport à certaines substances produites par l'organisme.

CARBONATE DE CHAUX

Le carbonate de chaux est très répandu dans la nature; il se présente sous les figures cristallines les plus variées et souvent les plus inattendues; il existe dans un grand nombre d'eaux à l'état de dissolution à la faveur d'un excès d'acide carbonique. Il se rencontre dans la contexture des végétaux où il est très facile de le déceler au microscope en faisant agir de l'acide chlorhydrique sur les feuilles, notamment sur les feuilles du noyer ou des pommes de terre[1]. Le carbonate de chaux est aussi très répandu dans le règne animal soit à l'état solide, soit en dissolution par petites quantités dans certains liquides, dans certaines humeurs; à l'état

[1] P.-P. Dehérain. *Traité de chimie agricole*, p. 174.

amorphe, on trouve le carbonate de chaux dans les organes internes de certains entozoaires; il entre dans la composition des écailles des mollusques, des enveloppes des radiaires, des polypiers, des carapaces de crustacés, de la coquille des œufs des oiseaux, dans le squelette des vertébrés et principalement dans les os de nouvelle formation. Les concrétions calcaires appelées *yeux d'écrevisses* que l'on rencontre aux côtés de l'estomac de l'écrevisse au moment de la mue, c'est-à-dire au moment où elle se prépare à renouveler son test, sont faites de carbonate de chaux et de matière organique.

Chez l'homme, on trouve le carbonate de chaux cristallisé dans l'oreille interne où il forme des concréations connues sous le nom d'*otolithes*.

Le carbonate de chaux est d'origine vitale chez les animaux et chez l'homme; il se forme aux dépens des acides organiques transformés en acide carbonique et par double décomposition avec les sels alcalins du sang et des tissus.

PHOSPHATES DE CHAUX

Presque toutes les roches du globe contiennent une quantité appréciable de phosphate de chaux. L'*apatite*, la *phosphorite*, les *phosphates amorphes*, constituent les combinaisons et la forme minérale principales des phosphates de chaux. L'apatite[1] appartient aux roches éruptives et contient du fluorure de calcium, du chlorure de calcium ; la phosphorite est une variété de l'apatite comme l'*asparagolithe* ou pierre d'asperge, comme tant d'autres variétés de couleurs diverses, bleues, violettes, vertes, blanc de lait, etc.

Les phosphates amorphes se trouvent à tous les étages géologiques depuis les terrains primitifs jusqu'aux terrains quaternaires.

A la répartition des phosphates de chaux dans la nature se rattachent des questions sociales de premier ordre. Si, d'un coup d'œil, nous embrassions les terrains, les sols riches en phosphates et les terrains granitiques, par exemple, nous constaterions dans la vie un contraste étonnant.

Sur les terrains granitiques les animaux domestiques sont petits ; les hommes sont petits ; les plantes sont petites ; la végétation y apparaît malheureuse.

Sur les terrains riches en matières minérales facilement solubles, riches en phosphates de chaux, les races animales sont plus développées, vigoureuses ; les hommes y sont plus grands, plus robustes ; la végétation y est luxuriante, les récoltes y sont abondantes.

[1] Voir A. Carnot. *Sur les variations observées dans la composition des apatites.* Comptes rendus, t. CXXII, p. 1375.

Depuis les Celtes jusqu'à nos jours, les habitants qui se sont succédés sur notre vieille terre de France lui ont enlevé plus de deux millions de tonnes de phosphate de chaux ; les récoltes enlèvent chaque année au sol français trois cent mille tonnes de phosphate de chaux.

A propos des phosphates de chaux, je dois vous parler d'un phénomène bien fait pour nous surpendre ; c'est la migration de la matière minérale.

Les auteurs ont donné de ce phénomène chez les plantes des explications ressortissant aux lois de l'hydraulique ; les lois de l'hydraulique peuvent être, à mon avis, un moyen, mais elles ne sont certainement pas une cause de la migration des phosphates ; les phosphates tendent à se réunir vers la graine.

L'analyse nous a démontré que la magnésie et la chaux, dominantes minérales de la substance grise des centres nerveux, se trouvaient plus abondantes vers le renflement lombaire de la moelle épinière chez le taureau que chez le bœuf, tandis qu'elles étaient plus abondantes à la périphérie du cerveau chez le bœuf que chez le taureau ; voilà, je crois, un fait de migration qui ne peut point s'expliquer par les lois de l'hydraulique ; il y a là un besoin téléologique dont nous ne connaissons pas le mystère.

Si donc les phosphates de chaux émigrent vers

la graine, de la tige et des feuilles, comme l'ont péremptoirement démontré les expériences d'Isidore Pierre[1], de la substance grise du cerveau vers la partie inférieure de la moelle ou plutôt de la partie inférieure de la moelle vers le cerveau comme nous l'ont démontré nos analyses, il y a là un besoin commun à tout ce qui vit, un besoin final dont la conservation des espèces doit être le but et la conséquence.

ACIDE PHOSPHORIQUE CONTENU DANS LA RÉCOLTE DE COLZA OBTENUE D'UN HECTARE :

ÉPOQUE des observations.	TIGES EFFEUILLÉES ou étêtées.	SOMMET des rameaux avec fleurs ou siliques.
	K.	K.
22 mars	9,59	3,77
2 avril	14,64	5,09
6 mai	31,14	23,23
6 juin	14,40	47,34
20 juin	10,45	64,66

Le phosphate de chaux se rencontre dans l'organisme à l'état de :

Phosphate monocalcique.
— bicalcique.
— tricalcique.

[1] *Ann. de Chim. et de Phys.*, IIIe série, t. LX.

La plupart des tissus animaux donnent par incinération des phosphates; cela ne veut pas dire que tous les tissus contiennent le phosphore à l'état de combinaison oxygénée.

Il se passe pour les phosphates des tissus animaux un phénomène analogue à celui qui se produit pour les carbonates lorsqu'on incinère des végétaux ; une grande partie des carbonates provient de l'oxydation du carbone ; également une grande partie des phosphates provient de l'oxydation du phosphore.

Tous les auteurs s'accordent à reconnaître que les phosphates calciques paraissent comme combinés à la matière protéique.

CINQUIÈME LEÇON

CALCIUM (SUITE)

Messieurs,

Le phosphate monocalcique ou phosphate acide de chaux, le biphosphate de chaux, n'existe que d'une manière transitoire dans l'économie.

Les phosphates calciques de la vie sont : le phosphate neutre ou phosphate bicalcique, solubilisé par la copulation d'un acide autre que l'acide phosphorique ou par la matière protéique faisant fonction d'acide; le phosphate tribasique servant de soutien aux vertébrés, réserve naturelle de la chaux dans l'organisme.

Le phosphate bicalcique est incontestablement le plus répandu de tous les sels de chaux chez l'homme et chez les animaux.

Recklinghausen[1] et Wildt[2] admettent même que le phosphate bicalcique est le phosphate constituant des os, du corps et du cément des dents. Sans

[1] F. de Recklinghausen. *Arch. für path. anat.*, t. XIV.

[2] H. Beaunis. *Physiologie*, 2e édit., t. I, p. 82.

me ranger complètement à l'opinion de Recklinghausen et Wildt, je pense avec Berzelius[1] que les os sont des composés de carbonate de chaux, de phosphates bi et tribasiques de chaux. En effet, la matière minérale de l'os est faite pendant la formation de l'os, de carbonate de chaux; puis, les phosphates succèdent aux carbonates sous forme de phosphate bicalcique qui se transforme dans la suite en phosphate tricalcique.

L'analyse chimique nous décèle le carbonate de chaux pendant le passage de l'état cartilagineux à l'état osseux ; puis elle nous montre le phosphate tricalcique formant la plus grande partie de l'os, mais les couches périphériques de l'os contiennent plus de phosphate bicalcique que de phosphate tricalcique comme l'indiquent les rapports de la chaux avec l'acide phosphorique. Pour réaliser cette analyse vous grattez avec une lame de verre les couches sous-périostées d'un os long, frais, débarrassé de son périoste, et, vous conduisez l'analyse dans cette masse de couleur blanc rougeâtre pour le dosage de l'acide phosphorique et de la chaux.

Une cause d'erreur pour le dosage de la chaux et de l'acide phosphorique dans le tissu osseux est celle qui résulte de l'énergie rare avec laquelle

[1] Voir Wurtz. *Traité de chimie biologique*, p. 249.

l'osséine retient la chaux qu'elle ne cède qu'à la longue, aux acides forts.

Le tissu spongieux des os contient plus de carbonate que de phosphate de chaux.

Ce n'est pas seulement dans les os, dans les os moins que partout ailleurs, que l'on rencontre le phosphate neutre de chaux. Prenons, par exemple, le parenchyme pulmonaire frais. Le parenchyme pulmonaire débarrassé par des lavages prolongés et l'expression de toute matière étrangère, contient :

Acide phosphorique. . .	0 gr. 54	p. 1000.
Chaux.	0 — 5288	—
Magnésie.	0 — 061	—

Pas de chlore, pas de soude, pas de potasse.

Or, 0 gr. 54 d'acide phosphorique nous donnent 1 gr. 23 de phosphate bicalcique, même un peu moins en tenant compte de l'acide phosphorique nécessaire pour la formation du phosphate de magnésie; ce phosphate bicalcique nous fournit 0,42 de chaux; il nous reste un peu plus de 0,10 de chaux de disponible; cet excès de chaux représente la combinaison calci-protéique dont on retrouve la chaux dans les cendres lorsqu'on incinère le parenchyme pulmonaire ; vous vous rappelez, en effet, que la matière minérale se rencontre dans l'organisme sous deux formes différentes, distinctes :

sous forme de sels neutres, multiples le plus souvent, et sous forme de combinaison directe avec la matière protéïque.

Si, prenant notre exemple par un autre côté, nous envisageons la chaux dans les combinaisons qu'elle peut fournir avec l'acide phosphorique, nous constatons que 0 gr. 5288 de chaux nous donnent 0 gr. 95 de phosphate tribasique de chaux qui donne à son tour 0 gr. 425 d'acide phosphorique ; il nous reste 0 gr. 12 d'acide phosphorique disponible, mais nous avons 0 gr. 061 de magnésie qui nous donnent 0 gr. 133 de phosphate tribasique qui fournit 0 gr. 072 d'acide phosphorique; il nous reste encore 0 gr. 48 d'acide phosphorique libre qui ne peut provenir du phosphore du parenchyme pulmonaire car le phosphore n'a pas été oxydé pendant l'analyse ; la soude et la potasse nous manquent pour neutraliser ce résidu d'acide phosphorique ; 0 gr. 5288 de chaux nous donnent 1 gr. 54 de phosphate bibasique de chaux qui donnent à leur tour 0 gr. 673 d'acide phosphorique; nous ne pouvons disposer que de 0 gr. 54 d'acide phosphorique.

Comment concilier, d'une part, ce défaut d'acide phosphorique, insuffisant pour former avec la quantité de chaux disponible du phosphate neutre, et, d'autre part, cette partie d'acide phosphorique excédante, pour la formation du phosphate tribasique de chaux et de magnésie ? Je ne vois qu'un moyen ; c'est de considérer comme nous le faisons le phosphate neutre de chaux comme le phosphate de chaux entrant à peu près exclusivement dans la constitution des tissus ; l'analyse paraît justifier notre manière de voir ; en outre, des considérations de statique chimique viennent appuyer l'analyse.

Le phosphate neutre de chaux n'a point ses affinités satisfaites en entier et quoique très faible sa solubilité est plus grande que celle du phosphate tribasique dont les affinités sont réalisées ; il faut une acidité assez puissante pour mobiliser le phosphate tricalcique ; il faut une acidité moins grande, l'acide carbonique y suffit, la matière protéïque aussi, pour entraîner le phosphate bicalcique au milieu des échanges vitaux qui ne sont autres que des *actions mutuelles des sels en présence de l'eau*. Lorsqu'on mêle deux sels qui peuvent donner par l'échange de leurs bases et de leurs acides, un sel insoluble ou peu soluble, ces sels se décomposent et le composé le moins soluble se précipite, ce que la thermo-chimie, pénétrant plus avant dans la décomposition chimique traduit par cette loi : tout corps qui tend à se former parmi plusieurs composés possibles, est celui qui, dans toute combinaison directe, dégage le plus de chaleur.

Voilà pourquoi vous trouvez dans les os, réserve minérale de la chaux, du phosphate tribasique de chaux, tandis que dans les tissus, la matière protéïque intervenant avec toutes ses qualités comme source d'*énergie étrangère* maintient la chaux à l'état de phosphate bicalcique et à l'état d'albuminate de chaux, corps représentant tous deux, attachés par la matière organique, des corps moins stables encore que le phosphate tricalcique, que le phosphate bicalcique libres vers les doubles décompositions avec les sels alcalins.

En un mot, le phosphate tricalcique des os est le dernier terme de l'insolubilité des sels de l'organisme et sa précipitation était nécessaire pour mettre le squelette à l'abri des attaques réitérées des acides organiques composés par les transformations de la matière organisée.

La chaux ne saurait précipiter dans les tissus sans qu'ils s'ossifient.

Je touche ici à une question de pathologie générale des plus intéressantes, en même temps que des plus graves ; je touche à la vieillesse prématurée, à l'ossification des artères, à l'athérome, à l'artério-sclérose, à la prise de possession par la chaux du tissu élastique, tissu, l'unique tissu du corps humain qui, à l'état normal, ne contienne pas de chaux.

Une grande distance sépare l'incrustation minérale de la minéralisation normale des tissus ; l'incrustation minérale des tissus est, sauf une exception, le résultat de l'inflammation ; la minéralisation est le résultat de l'irritabilité des tissus ; force m'est bien de me servir de ce mot puisque nous n'en avons pas trouvé d'autre précédemment pour désigner la propriété propre à chaque cellule qui lui permet de choisir sa minéralisation. Mais, Cl. Bernard l'a fait souvent remarquer, il n'y a point deux physiologies, une physiologie normale et une physiologie pathologique ; il y a des processus exagérés, des processus rétrogrades ; il arrive toujours qu'un tissu sain représente normalement dans sa composition, dans sa constitution, l'état pathologique d'un autre tissu ; les cellules en raquette ne sont pas exclusivement caractéristiques de certaines tumeurs cancéreuses ; on les rencontre à l'état normal dans les épithéliums du col vésical. L'incrustation minérale peut être aussi le résultat de l'irritabilité, en dehors de l'inflammation. J'ai trouvé dans le corps de l'utérus de certaines vaches de vraies stalactites calcaires pesant plusieurs grammes, stalactites qui n'étaient pas dégouttées dans l'utérus par l'inflammation mais par l'irritabilité propre du tissu utérin.

Pour en revenir aux phosphates calcaires, nous

disons donc que le phosphate acide de chaux ne peut être que transitoire dans l'organisme, que le phosphate neutre de chaux est le phosphate des échanges organiques, que le phosphate tribasique est le phosphate du squelette.

Voici un tableau indiquant la teneur en chaux de quelques substances du corps de l'homme et des animaux :

	Phosphate tricalcique.
Os de l'homme[1]	83 gr. 88 p. 100.
Os de bœuf	86 — 09 —
Os de cobaye	87 — 37 —
Os de tortue	85 — 98 —
Os de mouton[2]	83 — 48 —
Os fossiles[3] (diaphyse de l'humérus de l'*ursus spæleus*, ours des cavernes). Cet os contenait une quantité relativement élevée de zinc à l'état d'oxyde	0 — 15 —
Os fossiles	75 — 68 —
Dents de l'homme adulte	66 — 72 —
Dents de femme âgée de vingt-cinq ans	67 — 54 —
Dents de bœuf	66 — 80 —
Ivoire des dents	66 — 72 —
Émail des dents	89 — 82 —
Os ostéomalacique	19 — 00 —
Cerveau de bœuf (substance grise)	0 — 169 —

[1] Zalesky. Hoppe-Seyler. *Medic. chem. Untersuchungen.* 1er fasc.

[2] Heintz. *Poggendorff's. Ann.*, t. LXXVII.

[3] A. Gautier. *Cours de chimie*, t. III, p. 332.

Cerveau de mouton.	0 gr. 0039 p. 100.
— humain	0 — 0039 —
— de paralytique général mort accidentellement. . . .	0 — 0076 —
Jaune d'œuf	0 — 065 —
Testicules de coq adulte. . . .	0 — 166 —
Testicules de fœtus de cheval (11 mois).	0 — 0128 —

J'ai calculé le phosphate de chaux en phosphate tribasique pour faciliter la lecture du tableau, mais je ne prétends pas du tout que le phosphate de chaux existe dans le cerveau à l'état de phosphate tribasique, au contraire. La chaux se rencontre dans la substance grise du cerveau et dans le jaune de l'œuf, au moins en grande partie, combinée à l'acide phosphoglycérique; or, le glycérophosphate de chaux a pour formule, en équivalents :

$$C^6H^6O^4\ (PhO^5,\ HO,\ 2CaO) + 2H^2O^2.$$

Cette formule résulte de l'analyse faite par M. Prunier[1] sur trois échantillons de glycérophosphate de chaux séchés à 110° et qui ont fourni :

Echantillon n° 1, chaux	23,18
— n° 2 —	23,29
— n° 3 —	23,50

[1] Prunier. *Etude chimique et physiologique du phosphoglycérate de chaux pur.*

Echantillon n° 1	acide phosphorique .		27,86
—	n° 2	—	28,01
—	n° 3	—	28,83

La théorie exige 22,76 de chaux et 28,86 d'acide phosphorique.

Nous nous retrouvons ici en présence d'un phosphate bicalcique dont la solubilité est favorisée par le radical glycérique.

Le coefficient de diffusion du phosphoglycérate de chaux oscille entre 63 et 65 p. 100.

Le phosphoglycérate de chaux dialysé est très hygrométrique ; il se décompose à la température ambiante au contact de l'eau, c'est-à-dire que c'est un corps très instable, éminemment favorable aux échanges nutritifs comme, d'ailleurs, les autres phosphates neutres de chaux copulés avec la matière protéique, l'anhydride carbonique, etc.

Nous allons, si vous le voulez bien, revenir un peu en arrière pour mettre en parallèle l'ostéomalacie et la paralysie générale au point de vue spécial qui nous occupe, je veux dire au point de vue de l'étude des phosphates de chaux.

Le phosphate de chaux n'augmente pas seul dans le cerveau du paralytique général, pendant la période d'état, mais bien la minéralisation tout entière ; le phosphate de chaux ne diminue pas seul dans l'os de l'ostéomalacique, mais bien la minéralisation tout entière. Le fait paraît paradoxal, d'autant mieux qu'il se traduit dans les deux cas par l'excrétion d'un excès de phosphates urinaires. Dans la paralysie générale les substances minérales propres abondent vers les tissus de nouvelle formation d'origine inflammatoire, en vertu de ce principe : les tissus les plus jeunes sont les plus minéralisés ; la matière minérale se dirige toujours vers le point lésé, quelle que soit la nature de la lésion. Dans l'ostéomalacie la matière organique a perdu la propriété de retenir la matière minérale et la matière minérale est entraînée, à la suite d'une fermentation locale, par l'acide lactique ; en effet, les os contiennent de l'acide lactique libre dans l'ostéomalacie. Nous étudierons ce phénomène en même temps que nous ferons l'étude des ferments, la minéralogie des ferments.

La chaux combinée à l'acide carbonique constitue la plus grande partie des continents ; la chaux combinée à l'acide phosphorique constitue les trois quarts de la matière minérale de l'organisme. Il ne faut pas en inférer de suite que la chaux, si grande que soit son importance dans la vie manifestée, doive être considérée comme un des éléments primordiaux de la vie ; nous avons vu que le rôle prépondérant du phosphore, du potassium et du magnésium excluait la chaux ; ou tout au moins la reléguait au second plan, à l'origine de la vie. Cependant tous les tissus du corps de l'homme et des vertébrés, au moins, laissent par incinération un résidu plus ou moins grand de phosphate de chaux. Les tissus élastiques font exception à cette règle.

Je vous ai donné, tout à l'heure, un tableau de la chaux, évaluée en phosphate tricalcique, contenue dans quelques tissus, d'après les analyses de Zalesky, Heintz, d'Arm. Gautier, des miennes propres. Voici, d'après différents auteurs [1], les quantités de chaux contenues dans un certain nombre de liquides, d'excrétions et de tissus.

	Chaux.
Dans le sang	1 gr. 76 0/0 de cendres.
Dans le sérum	2 — 28 — —
Dans le caillot sanguin. .	2 — 58 — —
Dans la lymphe.	0 — 97 — —
Dans l'urine	1 — 15 — —
Dans le lait.	18 — 78 — —
Dans la bile	1 — 43 — —
Dans les excréments. . .	26 — 40 — —
Dans les muscles de veau.	1 — 99 — —
Dans le foie.	3 — 61 — —
Dans la rate	7 — 48 — —

C'est sous forme de phosphate de chaux que la

[1] Verdeil, Weber, Dahnhardt, Porter, Wildenstein, Rose, Stoffel, C. Schmidt, Oidtmann, Breed, etc.

chaux se trouve éliminée par les excréments ; ce phosphate de chaux n'est pas exclusivement un résidu alimentaire ; il est fourni par les sécrétions intestinales et par les aliments. Chez les herbivores notamment, les phosphates de chaux s'éliminent en grande partie par l'intestin et chez les carnivores par les urines ; de telle sorte que les expériences que l'on a tentées et que j'ai tentées [1] chez les herbivores pour savoir si les phosphates de chaux étaient utilisés par la nutrition, sont entachées d'erreur, parce que l'on se borne, en général, à analyser les urines et le lait qui, il faut le reconnaître, n'indiquent que fort rarement une augmentation d'acide phosphorique, et, même lorsque les urines donnent une proportion d'acide phosphorique supérieure à celle qu'elles donnaient avant la mise en expérience, les indications que l'on en peut tirer sont de peu de valeur, car il est d'expérience vulgaire que des enfants, des hommes débilités reprennent de la vigueur sous l'influence d'une alimentation riche en phosphates de chaux, alors que l'on rencontre dans les urines peu acides un excès de phosphates terreux précipitables par la chaleur.

Pour mener à bien de telles expériences, il faut

[1] J. Gaube (du Gers). *La minéralisation du lait.* (Soc. de Biol., 29 juin 1895.)

se débarrasser, même quand il s'agit de la chaux, minéral prépondérant, de cette hantise de masse, de volume, qui obsède chacun de nous, dès que nous entrevoyons la matière minérale ; nous avons de la peine à nous représenter la matière minérale agissant sous un petit volume. Or, savez-vous ce que le corps humain laisse de cendres par incinération, y compris le squelette ? 800 à 900 grammes, rarement 1 kilogramme. A peine le corps humain contient-il 2 grammes de fer, et, pourtant, aucun clinicien, aucun agronome, ne s'aviserait de nier l'utilité, la nécessité du fer ; la chlorophylle ne contient pas de fer et pourtant les plantes privées de fer pâlissent, se décolorent. Pour mener à bien de telles expériences, il faut s'habituer à introduire dans les aliments de minimes quantités de phosphates par rapport aux doses massives que nous administrons habituellement et à doser l'acide phosphorique dans les excréments et dans les urines.

Sanson [1], un maître en zootechnie, a donné à un lapin, en 7 jours, 9 gr. 636 d'acide phosphorique sous forme de glycérophosphate mélangé au son dont se nourrissait l'animal ; le lapin a rendu, durant ces 7 jours, 6 gr. 537 d'acide phosphorique

[1] Sanson. *Assimilation des glycérophosphates.* (Soc. de Biol., 27 juin 1896.)

par les excréments et 3 gr. 013 par les urines ; acide phosphorique fixé = 0 gr. 086.

Dans une seconde expérience, le son a été arrosé avec une solution de glycérophosphate ; l'acide phosphorique du glycérophosphate et du son consommé s'élève à 12 gr. 175 : l'animal rend par ses excréments 7 gr. 207 d'acide phosphorique et 3 gr. 555 par ses urines ; acide phosphorique fixé = 1 gr. 413.

La quantité de phosphate de chaux éliminé par les urines de l'homme, c'est-à-dire utilisé, calculé en phosphate bicalcique, est de 1 gramme environ par vingt-quatre heures.

SULFATE DE CHAUX

Le sulfate de chaux existe dans les couches du trias à l'état anhydre (anhydrite ou karstenite).

Le sulfate hydraté ou gypse, de figure variable, mais de composition identique, est plus répandu que le sulfate anhydre. Le sulfate de chaux est fort peu soluble ; certaines eaux dites séléniteuses[1],

[1] De *Selenite*, nom ancien du sulfate de chaux, de Σεληνίτης, de σελήνη, lune, ainsi dit parce que la nuit, cette pierre réfléchit l'image de la lune. — E. Littré. *Diction. de la langue française*, p. 1881 du tome II.

les eaux des puits du bassin de la Seine, par exemple, contiennent du gypse en dissolution.

Le sulfate de chaux est soluble dans l'acide chlorhydrique ; une solution de chlorure de sodium à saturation dissout 8 grammes par litre de sulfate de chaux. Le sulfate de chaux est insoluble, ou soluble et acide ; dans un cas comme dans l'autre, il jouit de propriétés biochimiques particulières ; il tient ses qualités de la base avec laquelle il est combiné, de la chaux.

Baudrimont a trouvé 13 gr. 576 de sulfate de chaux dans 100 grammes de cendres de cheveux blancs.

Les cheveux, du reste, sont riches en sulfates, tandis que les ongles qui se rapprochent par leur minéralisation des écailles des reptiles sont riches en carbonates et phosphates de chaux ; c'est pourquoi je ne puis admettre certains rapprochements que d'aucuns ont tentés entre la constitution des cheveux et des ongles.

RÔLE PHYSIOLOGIQUE DE LA CHAUX

La chaux est destinée à soutenir les tissus, à leur donner la solidité nécessaire ; elle assure la fixité des tissus par le peu de solubilité de ses sels et fixe ainsi l'azote. Son rôle principal consiste à faire la double décomposition avec les sels alcalins, à retenir ainsi la matière organique.

Les sels de chaux possèdent une propriété particulière des plus remarquables ; ils sont, pour ainsi parler, les *sels coagulants* et paraissent présider dans le règne végétal et dans le règne animal à la coagulation de certaines substances qui ne se coagulent jamais lorsqu'elles sont privées de chaux.

Vous vous souvenez des expériences de MM. Bertrand et Mallèvre, préparateurs au *Museum* d'histoire naturelle, expériences auxquelles j'ai fait allusion, que j'ai rappelées même dans ma première leçon. Il s'agit des matières pectiques dont un ferment particulier, la *pectase*, découvert par Fremy, est l'agent de la coagulation ; ce ferment reste complètement inerte quand il n'est pas en contact avec un sel de chaux ; c'est là une importante découverte.

La coagulation du sang, phénomène qui a fait naître tant d'hypothèses dont les plus connues sont celles de Denis, de A. Schmidt, de MM. Mathieu et Urbain, est, comme la coagulation des matières pectiques, le résultat de l'action des sels de chaux. Le ferment hématino-poiétique demeure inerte, comme le ferment pectique, en l'absence des sels de chaux.

Voici comment MM. Arthus et Pagès[1] démontrent la nécessité absolue de la chaux pour la coagulation du sang : ils font couler d'une veine sectionnée 225 centimètres cubes de sang dans une solution d'oxalate de potasse à 0 gr. 90 p. 100 ; dans cette solution d'oxalate de potasse, le sang ne se coagule pas spontanément entre 0 et 45° ; la coagulation du sang déjà commencée s'arrête lorsqu'on ajoute au sang en voie de coagulation la même solution d'oxalate de potasse à 0,90 p. 100. L'oxalate de potasse, vous le devinez, a précipité les sels de chaux que contenait le sang. Si l'on ajoute à ce sang décalcifié quelques gouttes d'une solution de chlorure de calcium, aussitôt la coagulation commence [2].

Je ne veux pas aujourd'hui étudier plus à fond cette intéressante propriété des sels de chaux, car cette étude ne rentre pas dans le programme que je me suis fait pour ces premières leçons, mais je ne vous cacherai pas qu'un autre ferment, la présure, ne saurait point coaguler le lait sans la présence de la chaux. Voyez quel chemin nous avons

[1] Cités par A. Gautier. *Chim. Biol.*, p. 400.

[2] Le sang des oiseaux, dans les conditions ordinaires, se coagule avec rapidité ; de tous les vertébrés les oiseaux sont les plus riches en chaux.

Voir C. Delezenne. *Sur la lenteur de la coagulation normale du sang chez les oiseaux*. Comptes rendus, t. CXII, p. 1281.

déjà parcouru ; nous commençons à peine ce cours, nous cherchons seulement à établir les bases d'études générales qui seront fécondes en résultats pratiques, j'en ai la persuasion, et, déjà, je puis vous présenter quatre ferments manifestement tributaires de deux minéraux : l'*amylase*, impuissante sans les sels de potasse, la *pectase*, le *ferment coagulant du sang*, la *présure*, impuissants sans les sels de chaux.

Vous avez déjà compris tout l'intérêt qui s'attache à l'étude de la minéralogie biologique.

SIXIÈME LEÇON

MAGNÉSIUM

Messieurs,

Les minerais du magnésium les plus répandus dans la nature sont : la *Dolomie* (carbonate double de chaux et de magnésie) ; le *Peridot* (silicate double de fer et de magnésie) ; le *Talc*, la *Serpentine*, l'*Olivine* (silicates doubles de fer et de magnésie) ; l'*Asbeste*, le *Pyroxène* (silicates de fer, de chaux et de magnésie) ; la *Magnésite* ou *Ecume de mer* (silicate de magnésie hydraté).

Le magnésium a été isolé en 1831 par Bussy. Le magnésium est inaltérable à l'air sec ; il s'oxyde rapidement à l'air humide ; il ne commence à décomposer l'eau qu'à la température de + 30°.

Projeté sur un foyer incandescent, le magnésium donne des étincelles très brillantes ; chauffé à l'air, il brûle avec une flamme éclatante en répandant des fumées blanches d'oxyde de magnésium, de *Magnésie*.

Bunsen a trouvé qu'un fil de magnésium de

0mm,297 de diamètre, donnait une lumière égale à 74 bougies. La lumière du magnésium est riche en rayons chimiques ; elle donne un spectre complet ; elle peut remplacer la lumière solaire pour la photographie. Le magnésium est un des rares corps qui possèdent la propriété de se combiner directement à l'azote ; aussi se sert-on du magnésium pour préparer l'*argon*.

Le magnésium décompose la plupart des corps oxygénés à cause de sa grande affinité pour l'oxygène.

Jusqu'à ces derniers temps, le magnésium métallique n'était employé qu'à deux usages : 1° à produire de la lumière par sa combustion à l'air ; on a construit pour la combustion régulière d'un ruban de magnésium des lampes spéciales avec réflecteur ; 2° à fournir à la pyrotechnie, sous forme de poudre, des feux brillants très recherchés par cette industrie.

Pour vous donner une idée des usages restreints du magnésium, malgré son application à la photographie et à la pyrotechnie, je vous dirai que la production annuelle ne dépasse pas 5.000 kilogrammes. Nous sommes tributaires de l'Angleterre et de l'Amérique pour la préparation industrielle du magnésium.

Le magnésium préparé industriellement n'est

pas pur; pour le purifier il faut le distiller dans un courant d'hydrogène.

Aux usages industriels du magnésium, nous avons ajouté depuis quelques années un usage thérapeutique encore fort peu répandu parce qu'il n'est pas connu. L'idée d'employer le magnésium métallique comme médicament nous est venue à la suite de recherches que nous avons faites sur la répartition de la magnésie dans l'organisme.

La formule sous laquelle nous employons le magnésium métallique est la suivante :

R. Magnésium métallique pur, pulvérisé. }	0 gr. 50
Lycopode. . . . . }	

M. s. a. pour un cachet; prendre un cachet le soir, en se couchant.

Les analyses suivantes vont nous donner les résultats objectifs obtenus par cette médication.

Première série d'expériences. — Adulte. — Vie normale

Urine moyenne du 5 février 1896 :

Volume.	1900 c³
Densité à + 15°	1017,5
Acidité en PhO^5	0 gr. 937
Chlorures en chlorure de sodium	7 — 20
Acide phosphorique	2 — 00
Urée	12 — 80

Urine du matin 7 février :

Densité	1023
Acidité en PhO^5	1 gr. 42
Chlorures en NaCl	12 — 60
Acide phosphorique	2 — 60
Urée	15 — 37

Le 7 février au soir, pris un cachet de 25 centigrammes de magnésium et de 25 centigrammes de lycopode. J'ajoute le lycopode comme agent de protection. Les cachets conservent le magnésium, à condition qu'ils soient tenus à l'abri de l'humidité.

Urine du matin 8 février :

Densité	1022
Acidité en PhO^5	1 gr. 70
Chlorures en Na Cl	9 — 80
Acide phosphorique	3 — 10
Urée	23 — 60

Le 8 au soir, pris le même cachet que la veille.

Urine du matin 9 février :

Densité	1025
Urée	23 gr. 87

Le 9 au soir, pris le même cachet.

Urine du matin 10 février :

Densité	1026
Acidité en PhO^5	2 gr. 27
Chlorures en Na Cl	16 — 65
Acide phosphorique	3 — 78
Urée	16 — 65

Notre sujet en expérience a un furoncle à l'épaule ; les ganglions du cou sont infectés.

Le 10 au soir, pris le même cachet.

Urine du matin 11 février :

Densité	1015
Acidité en PhO^5	0 gr. 85
Chlorures en Na Cl.	7 — 30
Acide phosphorique	2 — 20
Urée	14 — 09

Le 11 février au soir, pas de cachet.

Urines du matin 12 février :

Densité	1022,5
Acidité en PhO^5	1 gr. 42
Chlorures en Na Cl.	9 — 00
Acide phosphorique	3 — 00
Urée	16 — 913

Le 12 au soir, pris même cachet que l'avant-veille.

Urines du matin 13 février :

Densité	1023
Acidité en PhO^5	1 gr. 13
Chlorures en Na Cl.	9 — 30
Acide phosphorique	3 — 30
Urée	21 — 47

Le 13 au soir, pris le même cachet.

Urine moyenne du 14 février :

Volume.	1800 c^3
Densité	1015
Acidité en PhO^5	1 gr. 13
Chlorures en Na Cl.	2 — 12
Urée	15 — 37

Le 14 au soir, pris le même cachet.

Urine moyenne du 15 février :

Volume.	1750 c^3
Densité	1021
Acidité en PhO^5	0 gr. 85
Acide phosphorique	2 — 06
Urée	16 — 91

Les résultats de cette première série d'expériences, quoique incomplets, nous indiquent :

1° Que la quantité d'urée n'est en rapport ni avec la densité de l'urine, ni avec le volume, ni avec la richesse des urines en chlorures ; 2° que l'infection staphylococcique a fait tomber le taux de l'acidité et de l'urée ; généralement la quantité d'urée est en rapport avec la densité et conséquemment avec le volume de l'urine. Nous allons trouver dans les termes des expériences suivantes l'explication de ces anomalies apparentes.

Deuxième série d'expériences. — Homme robuste. Quarante-huit ans. — Vie normale.

URINES N° 1.

Urine de vingt-quatre heures :

Volume.	875 c^3
Urée	8 gr. 75
Azote de l'urée.	4 — 08
Azote total.	7 — 669
Coefficient d'oxydation. . .	53,2

N° 2.

Volume.	1503 c³
Urée	9 gr. 008
Azote de l'urée.	4 — 20
Azote total	6 — 276
Coefficient d'oxydation. . .	66,9

N° 3.

Volume.	790 c³
Urée	10 gr. 21
Azote de l'urée.	4 — 76
Azote total	8 — 589
Coefficient d'oxydation. . .	54,2

N° 4.

Volume.	1182 c³
Urée	14 gr. 26
Azote de l'urée.	6 — 65
Azote total	11 gr. 97
Coefficient d'oxydation. . .	55,5

N° 5.

Volume.	1517 c³
Urée	19 gr. 60
Azote de l'urée.	9 — 14
Azote total	14 — 40
Coefficient d'oxydation. . .	63,4

N° 6.

Volume.	947 c³
Urée	9 gr. 805
Azote de l'urée.	4 — 57
Azote total	8 — 40
Coefficient d'oxydation. . .	54,3

N° 7.

Volume.	979 c³
Urée	10 gr. 97
Azote de l'urée.	5 — 11
Azote total	8 — 004
Coefficient d'oxydation. . .	63,93

Voilà des dosages journaliers d'urines d'une même personne vivant de la même vie pendant sept fois vingt-quatre heures; il y a chance, pour ne pas dire certitude, que nous avons ainsi les caractères moyens exacts de l'urine examinée :

Moyennes du septenaire.

Volume moyen	1112,8
Urée moyenne.	11 gr. 8047
Azote de l'urée.	5 — 50
Azote total moyen	9 — 332
Coefficient moyen d'oxydation.	58,77

Troisième série d'expériences. — Même sujet. Mêmes conditions.

On prend chaque soir, en se couchant, un cachet composé de :

Magnésium métallique pur.	} āā 0 gr. 50
Lycopode	

URINES N° 1.

Urine de vingt-quatre heures :

Volume.	1447 c³
Urée	14 gr. 951
Azote de l'urée.	6 — 973
Azote total	10 — 446
Coefficient d'oxydation. . .	66,7

N° 2.

Volume.	1857 c³
Urée	14 gr. 388
Azote de l'urée.	6 — 71
Azote total	10 — 64
Coefficient d'oxydation. . .	64,13

N° 3.

Volume.	2415 c³
Urée	22 gr. 913
Azote de l'urée.	10 — 686
Azote total	10 — 855
Coefficient d'oxydation. . .	98,49

N° 4.

Volume.	1537 c³
Urée	12 gr. 36
Azote de l'urée.	5 — 764
Azote total	5 — 822
Coefficient d'oxydation. . .	100

N° 5.

Volume.	1647 c³
Urée	18 gr. 182
Azote de l'urée.	8 — 813
Azote total	11 — 040
Coefficient d'oxydation. . .	79,7

N° 6.

Volume.	1555 c³
Urée	12 gr. 752
Azote de l'urée.	10 — 589
Azote total	11 — 253
Coefficient d'oxydation. . .	94,2

N° 7.

Volume.	1047 c³
Urée	12 gr. 665
Azote de l'urée.	5 — 671
Azote total	7 — 018
Coefficient d'oxydation. . .	80,80

Voici une nouvelle série d'analyses journalières d'urine de sept fois vingt-quatre heures ; le sujet en expérience suivait le même régime et le même genre de vie que pendant la deuxième série d'expériences :

Moyennes de la troisième série d'expériences.

Volume moyen	1643,5 c³
Urée moyenne.	16 gr. 81
Moyenne de l'azote de l'urée.	7 — 88
Moyenne de l'azote total . .	9 — 57
Moyenne du coefficient d'oxydation	83,43

SUBSTANCES DOSÉES	DEUXIÈME SÉRIE d'expériences sans magnésium.	TROISIÈME SÉRIE d'expériences avec 50 centigr. de magnésium.
Volume moyen.	1112,8 c³	1643,5 c³
Urée moyenne.	11 gr. 804	16 gr. 81
Azote moyen de l'urée. .	5 — 50	7 — 88
Azote moyen total . . .	9 — 332	9 — 57
Coefficient d'oxydation.	58,77	83,43

Nous avons donc gagné par l'usage quotidien de 50 centigrammes de magnésium métallique pur, pulvérisé :

En volume	530,7 c³
En urée.	5 gr. 01
En azote total.	0 — 24
En coefficient d'oxydation. .	24,66

La première série de nos expériences nous faisait pressentir ce résultat.

Le magnésium métallique administré par la voie

stomacale augmente la quantité d'urine émise pendant les vingt-quatre heures qui suivent son absorption et le poids de l'urée, tandis que le poids de l'azote total reste, à 24 centigrammes près, stationnaire.

L'azote de l'urine a une double origine; il provient d'abord de l'azote de l'urée, puis de l'acide urique, de l'acide hippurique et des bases organiques de l'urine. Or, nous voyons que le magnésium métallique augmente la proportion de l'azote utile, de l'azote de l'urée, au point que, parfois, tout l'azote contenu dans les urines est fourni en totalité par l'urée.

Nous possédons donc, dans le magnésium, un médicament sûr et inoffensif, augmentant la diurèse, les oxydations de la matière azotée, utilement, dans de grandes proportions. Le rapport de l'azote de l'urée à l'azote total, qui était dans notre deuxième série d'expériences de 58,77, finit à 83,43 dans notre troisième série d'expériences. Nous laissons aux cliniciens le soin de déterminer les maladies contre lesquelles le magnésium métallique peut être utile, mais son action nous paraît devoir être favorable dans l'arthritisme, la nutrition retardante, certaines neurasthénies, etc.

Comment agit le magnésium métallique ? Nous ne pouvons en ce moment que faire des hypothèses.

La première hypothèse qui se présente à l'esprit est la suivante : le magnésium se transforme en chlorure de magnésium dans l'estomac et son action peut alors être rapprochée de l'action des chlorures alcalins qui activent la nutrition, qui favorisent les oxydations. Que le magnésium se transforme en chlorure dans l'estomac, cela ne semble pas douteux ; mais qu'il agisse comme oxydant en sa qualité de chlorure, cela paraît moins certain. En effet, dans notre première série d'expériences l'urine du matin 7 février, d'une densité de 1023, contenait 12 gr. 68 de chlorures calculés en chlorure de sodium ; le 7, au soir, absorption de 25 centigrammes de magnésium et l'urine du 8 février, au matin, d'une densité de 1022, contenait seulement 9 gr. 80 de chlorure, c'est-à-dire 2 gr. 80 de chlorure de moins que la veille, avant l'absorption du magnésium, et cependant l'urée était montée, du 7 au matin au 8 au matin, de 8 gr. 23 ; mais l'acide phosphorique, qui était de 2 gr. 60 le 7 au matin, était de 3 gr. 10 le 8 au matin ; il avait augmenté de 50 centigrammes.

Le 11 février au soir, pas de magnésium ; l'urine du 12, au matin, d'une densité de 1022,5 nous donne 9 grammes de chlorure, 3 grammes d'acide phosphorique et 16 grammes d'urée. Le 12 au soir, cachet de magnésium ; l'urine du 13 au matin donne 9 gr. 30 de chlorure, 3 gr. 30 d'acide phosphorique et 21 gr. 47 d'urée avec une densité de 1023 ; or, 25 centigrammes de magnésium métallique fournissent 95 centigrammes de chlorure de magnésium qui ne semblent pas devoir être ajoutés au total, soit 9 gr. 30 des chlorures, puisque ces 9 gr. 30 de chlorures sont également le total des chlorures des urines avant toute expérience.

L'acide phosphorique, au contraire, paraît augmenter d'une façon sensible ; il était de 2 gr. 30 en moyenne avant l'absorption du magnésium ; il est de 3 gr. 30 après l'absorption du magnésium ; il a augmenté d'un gramme.

Il semblerait donc que ce serait bien plus par l'intermédiaire du système nerveux que le magnésium augmenterait les oxydations que par action oxydante directe ; ce que je vous dirai, tout à l'heure, de la situation de la magnésie dans les tissus vous permettra de mieux comprendre ma manière de voir.

D'ailleurs, si nous nous plaçons au point de vue chimique, ce serait indirectement, par double décomposition, que le chlorure de magnésium agirait comme oxydant, car en présence du phosphate de soude, le chlorure de magnésium se transforme en chlorure de sodium et en phosphate de magnésie.

En admettant que tout le magnésium passe à l'état de chlorure dans l'estomac, il ne pourrait fournir par double décomposition que 79 centigrammes de chlorure de sodium ; nous avons acquis la preuve par l'expérience, que 79 centigrammes de chlorure de sodium, ajoutés à la nourriture quotidienne, n'ont pas une influence aussi marquée sur la production de l'urée, il s'en manque de beaucoup, que 25 centigrammes de magnésium métallique.

Quoi qu'il en soit, nous sommes obligés d'admettre que le magnésium métallique augmente la diurèse et les oxydations, les oxydations des substances azotées qui se rencontrent dans les urines à l'état de composés d'azote inutiles, c'est-à-dire à l'état de déchets azotés urinaires.

MAGNÉSIE

Nous avons vu qu'en brûlant à l'air, le magnésium se combinait avec l'oxygène dont il est très avide pour former un oxyde, la magnésie.

On trouve la magnésie dans la nature à l'état anhydre (la *périclase*) et à l'état hydraté, cristallisée en paillettes blanches (la *brucite.*) Elle a été différenciée de la chaux par Black en 1745[1].

La magnésie est solide, blanche, amorphe, parfois cristallisée; elle est peu soluble dans l'eau et, comme la chaux, elle est plus soluble dans l'eau froide que dans l'eau chaude. L'eau, à la température ordinaire, dissout $\frac{1}{5242}$ de magnésie et $\frac{1}{36000}$ à 100° C.

Autrefois la magnésie était appelée terre talqueuse, terre amère ; on la vendait à Rome comme une panacée universelle et sa préparation était un secret.

La magnésie s'unit aux acides en formant un grand nombre de sels.

Le magnésium, lui, se combine au chlore, au brome, à l'iode, au soufre, au phosphore et à l'arsenic.

D'après Bussy, la magnésie, en se combinant avec l'acide arsénieux, forme un sel insoluble et devient ainsi un contrepoison de cet acide.

Nous aurons donc à étudier les sels haloïdes du magnésium et les sels de magnésie. Parmi les premiers nous étudierons seulement le chlorure de magnésium ; parmi les seconds nous étudierons le carbonate de magnésie, le phosphate et le sulfate de magnésie.

[1] Dorvault. *L'Officine*, p. 600.

Avant de commencer l'étude des sels du magnésium, permettez-moi de vous lire le chapitre intitulé : *Sels de magnésium*, que je prends dans un de vos meilleurs classiques, *les Nouveaux Eléments de Physiologie humaine*, de H. Beaunis.

« Le phosphate de magnésium accompagne à peu près partout le phosphate de calcium ; on en trouve donc dans tous les tissus et tous les liquides de l'organisme, mais en quantité très faible sauf dans les muscles et le thymus où sa proportion dépasse celle du phosphate calcique (Gorup-Besanez). Il provient des aliments qui en renferment toujours une certaine quantité.

« La magnésie est éliminée en partie par les urines, en partie par l'intestin. Chez les carnivores elle s'y trouve à l'état de phosphate dissous à la faveur de l'acidité de l'urine ; chez les herbivores, à l'état de carbonate provenant de la double décomposition des phosphates de magnésie de l'alimentation et des carbonates alcalins, soit à l'état de phosphate de magnésium et de phosphate ammoniaco-magnésien en suspension dans l'urine. Les excréments et surtout ceux des herbivores contiennent la magnésie sous forme de phosphates simples, de phosphates d'ammoniaque, de palmitates et de stéarates de magnésie.

« Le rôle physiologique de la magnésie est inconnu. »

Cependant, le magnésium paraît être le métal de l'activité vitale dans ce que la vie a de plus précieux et de plus élevé : la multiplication de l'espèce et la sensation. C'est ce que j'essaierai de vous démontrer dans la prochaine leçon.

SEPTIÈME LEÇON

MAGNÉSIUM (*Suite.*)

Messieurs,

Le chlorure de magnésium se rencontre dans les eaux-mères des marais salants ; sous forme de chlorure double de potassium et de magnésium, dans les eaux de Stassfurt (carnallite).

Le chlorure de magnésium s'unit facilement aux chlorures alcalins pour former des chlorures doubles non décomposables par l'eau.

Le chlorure hydraté de magnésium est très déliquescent, très soluble dans l'eau et dans l'alcool.

La chaleur de formation, à l'état dissous, des principaux chlorures que l'on peut doser dans l'organisme est, en petites calories :

Chlorure de potassium	=	+	100,8
— de sodium	=	+	96,2
— de calcium	=	+	93,8
— de magnésium	=	+	93,5

D'après le principe de thermo-chimie que nous avons énoncé dans une précédente leçon, le chlore en présence de ces quatre métaux, le magnésium, le calcium, le sodium et le potassium, s'unira au potassium, au sodium, au calcium et enfin au magnésium, ce qui revient à dire que le magnésium sera obligé de céder son chlore le premier parmi les quatre métaux ci-dessus. Les phosphates de soude et de potasse dégageant plus de chaleur pour leur formation que n'en dégagent dans les mêmes circonstances les chlorures de sodium et de magnésium, il se formera, fatalement, par double décomposition, un chlorure de sodium et un phosphate de magnésie ; et, de fait, on rencontre le chlorure de magnésium dans l'économie en minimes quantités et accompagnant toujours les chlorures alcalins sous forme de sel double probablement, ce qui lui permet de résister davantage aux lois de la double décomposition. M. Foussereau[1] a constaté que le chlorure de magnésium se dissociait lentement dans ses solutions ; la dilution emmagasinant par dissociation de la chaleur latente, les sels sont d'autant plus habiles pour de nouvelles combinaisons que leur dissociation est plus rapide.

[1] Comptes rendus, t. CIII, p. 249.

CARBONATE DE MAGNÉSIE

Le carbonate de magnésie existe dans la nature à l'état isolé ; il est connu sous le nom de *giobertite ;* le plus souvent il est associé au carbonate de chaux et constitue ainsi le minéral appelé *dolomie.*

On a remarqué que le goître se développait principalement dans les pays dont le sol est formé de roches magnésiennes, de *dolomies,* et dont les eaux contiennent du sulfate de magnésie. L'origine magnésienne du goître n'est rien moins que prouvée.

Il existe deux carbonates de magnésie : le carbonate de magnésie neutre, anhydre, cristallisé en rhomboèdres ; le carbonate de magnésie basique ou *magnésie blanche* des pharmacies.

La magnésie blanche est un mélange de carbonate et de magnésie hydratée ; un gramme de magnésie blanche se dissout dans 2 500 grammes d'eau à + 18°, et dans 9 000 grammes d'eau bouillante ; comme la chaux, la magnésie est donc moins soluble à chaud qu'à froid, mais la chaux est plus soluble que la magnésie, car, je vous l'ai dit, un gramme de chaux se dissout dans 778 grammes d'eau à + 15° et dans 1 270 grammes d'eau à 100°.

Le carbonate de magnésie se rencontre principalement dans les cheveux ; il est plus abondant dans les cheveux rouges que le carbonate de chaux.

SULFATE DE MAGNÉSIE

Le sulfate de magnésie est un sel blanc, d'une saveur amère et salée ; il cristallise en prismes rectangulaires à quatre pans ; le système cristallin du sulfate de magnésie varie avec la température des solutions d'où il se dépose.

L'eau dissout 33 grammes p. 100 de sulfate de magnésie à + 15° et 72 grammes à la température de saturation.

Le sulfate de magnésie ou *epsomite*, découvert en 1694 par Grew, se rencontre en blocs cristallisés dans certaines grottes des montagnes d'Alleghany, en Amérique, dans les eaux d'Epsom, en Angleterre, de Sedlitz et d'Egra$, en Bohême. Sa formation provient, sans doute, de la décomposition du sulfate de chaux par le carbonate de magnésie.

Le sulfate de magnésie est décomposé par le chlorure de sodium en présence de l'eau, en sulfate de soude et en chlorure de magnésium.

PHOSPHATES MAGNÉSIENS

On connaît trois phosphates de magnésie : un phosphate mono, bi et trimagnésien correspondant aux phosphates mono, bi et tricalciques. De tous les sels magnésiens les phosphates sont les plus répandus dans l'organisme. En dehors des os et des dents, c'est le phosphate bimagnésien qui est le plus fréquent dans les tissus.

Plusieurs caractères distinctifs séparent les sels de magnésie des sels de chaux dont on les rapproche toujours. On oublie trop que si le calcium et le magnésium ont quelques liens de parenté, ils diffèrent par des propriétés physiques, chimiques et physiologiques essentielles ; leur densité, leur chaleur spécifique ne sont point les mêmes ; leurs combinaisons avec l'oxygène, avec les métalloïdes ne s'exercent point dans les mêmes conditions. Leurs sels se comportent aussi différemment en présence de l'eau. Le trait caractéristique des sels de magnésie par rapport aux sels de chaux, c'est leur aptitude à s'hydrater presque indéfiniment. Le carbonate de magnésie forme des hydrates qui varient de un à cinq équivalents d'eau de cristallisation ; le sulfate de magnésie forme des hydrates qui peuvent contenir jusqu'à douze équivalents d'eau de cristallisation. Or, nous le savons, l'attaque de l'eau produit la dissociation chimique des sels en solution, met en éveil leurs affinités et favorise la délicatesse de leurs combinaisons avec la matière protéique ; c'est là, sans doute, un des rôles les plus importants de l'eau au sein de l'organisme où les solutions minérales sont très diluées. Les ferments eux-mêmes dont l'action est capitale dans l'exercice des fonctions vitales ne sauraient se soustraire, minéralisés qu'ils sont, à l'accumulation d'énergie latente résultant de la dilution de leur matière minérale; peut-être, est-ce là un des secrets de leur puissance ! Ainsi doit s'expliquer, par la dissociation des sels, la combinaison des bases et des acides rendus libres, avec la matière protéique.

Un autre caractère qui distingue les sels de magnésie des sels de chaux, c'est la grande facilité avec laquelle les sels de magnésie forment des sels doubles. Le carbonate neutre de magnésie se combine avec le carbonate de chaux, nous l'avons vu, c'est la *dolomie*, mais il se combine également avec les carbonates de potasse, de soude et d'ammoniaque ; il en est de même pour les phosphates ; ils forment des sels multiples ; ils se dissolvent dans les dissolutions d'un grand nombre de sels neutres.

J'ai terminé ma leçon sur les sels de chaux en vous montrant la chaux agent *de précipitation* au milieu de la matière organique au sein de laquelle certains ferments restent inactifs sans la présence d'un sel de chaux ; j'ai insisté sur cette propriété des sels de chaux parce qu'elle était la plus inattendue et la plus neuve ; vous vous souvenez que le sang et le lait décalcifiés ne se coagulent pas. Nous aurons souvent l'occasion d'opposer la magnésie à la chaux.

Avant de commencer l'étude du rôle de la magnésie dans le développement de la vie chez le végétal, chez l'animal et chez l'homme, je vais vous donner dans un tableau étendu quoique incomplet la teneur en magnésie de quelques tissus, de quelques plastides, de quelques liquides.

Magnésie (MgO) dans 1 000 parties de tissus frais.

Globules rouges du sang. . .	0 gr. 04
Sérum sanguin	0 — 073
Muscles	2 — 28
Cartilage.	0 — 49
Os normal	5 — 40
Os ostéomalacique	0 — 94
— —	0 — 10
Os nécrosé	7 — 29
Dentine (homme)	0 — 70
— (femme)	1 — 34
Email	1 — 28
Cément	0 — 63
Cheveux	0 — 37
Foie	0 — 145
Rate.	0 — 76
Corps thyroïde	0 — 697
Cerveau de bœuf	1 — 3893
Cerveau de bœuf (substance grise)	1 — 333

Cerveau de bœuf (substance blanche)	0 gr. 0563
Cerveau de mouton	0 — 65
Cerveau de mouton (substance grise)	0 — 63949
Cerveau de mouton (substance blanche)	0 — 02
Cerveau humain	0 — 36
Cerveau humain (substance grise)	0 — 357
Cerveau humain (substance blanche)	0 — 002
Liquide encéphalo-rachidien.	0 — 50
Œufs de poule	0 — 708
— — (jaune). . . .	0 — 669
— — (blanc). . . .	0 — 0339
Testicules de coq adulte. . .	1 — 43
Semences de blé	2 — 14
Plantule	1 — 42
Sperme de taureau (vésicules séminales)	3 — 75
Éléments figurés du même. .	9 — 51
Urine normale de vingt-trois à vingt-quatre ans	0 — 162
Urine des descendants de tuberculeux entre onze ans et quarante-huit ans.	0 — 259
Urine de cinq paralytiques généraux, magnésie moyenne.	0 — 57

Les recherches que j'ai faites pour les dosages de la magnésie m'ont fourni de nouvelles preuves de la nécessité de la matière minérale pour le soutien de la vie. Ainsi, le sérum artériel est plus minéralisé que le sérum veineux; la minéralisation du sang artériel est constante chez le même individu tandis que la minéralisation du sang veineux varie de qualité et de quantité dans chaque veine. Le taux des sels du sang diminue chez la femme pendant la grossesse; le sang de la femme enceinte devient plus minéralisé à la fin de la grossesse.

Dans la vieillesse le sang est plus minéralisé que pendant la jeunesse ; cela tient à ce que les plastides ont perdu de leurs qualités osmotiques, à ce que les reins dialysent imparfaitement ; en effet, les urines sont moins minéralisées. De tous ces faits je vous laisse le soin de tirer des conclusions et je reprends l'étude de la magnésie.

Je suis obligé de vous parler de deux corps organiques dont l'origine est encore mal connue : la *lécithine* et la *nucléine*, ou mieux les lécithines et les nucléines, car leur composition est très variable.

La lécithine est une combinaison de névrine et d'acide distéarophosphoglycérique ; la propriété chimique fondamentale de la lécithine, c'est de se décomposer au contact des acides et des bases en névrine et en acide gras phosphoglycérique, l'acide distéarophosphoglycérique, par exemple, qui se saponifie facilement.

La lécithine a été découverte dans le jaune d'œuf

par Gobley[1] ; elle se rencontre dans le cerveau, le sperme, les globules rouges, les globules blancs, dans la plupart des tissus.

La nucléine a été découverte par Miescher[2] dans le noyau des globules du pus. Les nucléines sont des substances azotées, riches en phosphore, douées de la fonction acide, inattaquables par le suc gastrique. Ce caractère n'appartient pas exclusivement aux nucléines; la kératine, les graisses ne sont pas attaquées par le suc gastrique; la kératine est une substance azotée, mais elle ne contient point de phosphore.

Les nucléines sont riches en azote et en phosphore; elles se rencontrent dans les noyaux des cellules animales et végétales, dans les levures sans noyaux et dans les bactéries. Le jaune d'œuf, le cerveau, le sperme, la laitance de poisson, le lait, la levure, possèdent des nucléines dont la composition diffère par la quantité de phosphore et de soufre qu'elles contiennent. Les nucléines de laitance, de sperme et de lait sont dénuées de soufre ; le phosphore varie entre elles de 2 à 9 p. 100.

La nucléine du jaune d'œuf contient du fer ; les autres nucléines n'en contiennent point. Enfin, certaines nucléines sont plus solubles que d'autres

[1] *Journal de Pharmacie*, t. IX.

[2] *Med. chem. Unters.*, de Hoppe-Seyler, fasc. IV.

dans les alcalis et elles ne fournissent pas toutes les mêmes termes de dédoublement quand on les fait bouillir avec les acides.

Il existe donc des nucléines et non point une nucléine.

La présence du soufre dans certaines nucléines indique leur origine protéique et on peut en considérer d'aucunes comme des dérivés des albuminoïdes dans lesquels le phosphore et l'azote se substitueraient au soufre.

Les nucléines ne se trouvent pas à l'état libre dans les tissus, mais combinées soit à des bases alcaloïdiques comme la *protamine* et l'*adénine*[1], soit à un albuminate particulier, variable avec chaque tissu ; cette combinaison est un *nucléo-albuminate* que nous désignerons par M. pour indiquer son origine minérale. L'adénine, découverte par Kossel[2] et que l'on peut extraire notamment du pancréas et des glandes salivaires, pourrait être l'origine de l'acide cyanhydrique que l'on rencontre dans la salive, car, en perdant son hydrogène par la chaleur, elle dégage des vapeurs d'acide cyanhydrique.

Les nucléo-albuminates que l'on rencontre dans

[1] A. Gautier. *Cours de chimie*, t. III.

[2] *Zeitsch. f. physiol. chem.*, t. X.
Remarque. L'adénine est une base commune au règne végétal et au règne animal.

tous les protoplasma, dans le sperme, le lait, le tissu nerveux, les glandes, les muscles, le pus, la levure, partout enfin où l'on rencontre les nucléines, présentent des liens de parenté très étroits avec les caséïnes, au point que Hammarsten considère les caséïnes comme dérivées par dédoublement des nucléo-albuminates. De fait, lorsqu'on fait agir les sucs digestifs sur les caséines, elles laissent un résidu insoluble riche en phosphore, la nucléine, tandis qu'il se dissout un albuminate propre à chaque caséine.

M. Arm. Gautier a découvert, étudié et sérié certains corps azotés qui existent dans les plastides nucléés, dans les muscles, dans les glandes, etc. ; il a appelé ces corps *leucomaïnes* pour indiquer, dit-il, qu'ils sont les produits basiques du dédoublement des albuminoïdes soumises au fonctionnement vital.

Vous suivez bien la filiation de toutes les substances dont je viens de vous entretenir ; elles ont toutes une commune origine, la cellule vivante ou plastide et on les trouve dans le même ordre de cellules : jaune d'œuf, sperme, système nerveux, système musculaire, etc. ; lécithines, nucléines, nucléo-albuminates, leucomaïnes, naissent, agissent, se dédoublent, s'hydratent ou s'oxydent au sein du même système, mais non point au contact des mêmes éléments.

Nos tissus sont composés de matière albuminoïde unie à la potasse, à la soude, à la chaux, à la magnésie, etc., si bien que la dialyse ne peut point les en arracher. Les modifications moléculaires de la matière protéique vont de pair avec les échanges de la matière minérale jusqu'à ce que la matière vivante établisse sa vie qui n'est qu'une succession de moments, en s'incorporant la matière minérale qui sert le mieux ses fonctions et sa forme. Tout autre chose est de considérer la matière protéique hors des tissus ou en activité vitale. En effet, voilà deux substances inorganiques que l'on rencontre partout côte à côte dans la nature et dans les différents tissus, la chaux et la magnésie, et que nous allons voir attachées à des fonctions différentes dans les mêmes tissus.

Que dit M. A. Gautier à propos des leucomaïnes ? Qu'il est très difficile de les séparer des sels de magnésie et du chlorure de potassium, même en les faisant cristalliser dans l'alcool.

La combinaison de la nucléine avec les bases, adénine et autres, la formation de l'acide phosphoglycérique sont déjà des termes avancés de dislocation, des termes de dénutrition. Les premiers termes de constitution vitale de la nucléine et de la lécithine que nous puissions apprécier sont, d'une part, la combinaison de la nucléine avec un albuminate, d'autre part la combinaison du phosphore oxydé avec le radical glycérique et les acides gras avec la névrine, qui n'est autre qu'un hydrate d'un ammonium composé dont Wurtz a réalisé la synthèse.

La physiologie du noyau cellulaire, que je vous conseille d'étudier, vous fera mieux comprendre les quelques notions de chimie biologique que je viens incidemment de vous donner.

Dans l'état actuel de la science on peut affirmer que deux grandes forces se partagent la mise en action des phénomènes de la vie : l'eau et les ferments. L'eau qui augmente le potentiel moléculaire des corps salins et les ferments qui hydratent, déshydratent, oxydent la matière protéique. Chose remarquable, l'eau en tant que fluide dissolvant ne cède rien de sa propre substance pendant les actes puissants de transformation ; l'eau trouve en elle-même, dans sa qualité de fluide dissolvant, de diffusant, ses moyens d'action ; les ferments, nés de la vie, puisent dans la matière minérale l'énergie nécessaire à leur activité.

Nous pouvons nous éclairer sur la qualité de la matière minérale nécessaire à un ferment déterminé en isolant le ferment, sans autre analyse, et en le mettant en action au contact des minéraux biodynamiques ou de leurs combinaisons ; de nombreux, le plus grand nombre des ferments restent à isoler, il est vrai, mais nous pouvons préjuger de la minéralisation d'un ferment en isolant un à un les éléments minéraux qui entrent dans la composition d'un système de plastides; en rapprochant les éléments minéraux des réactions que fournissent les albuminoïdes soit pendant leur préparation soit de leurs caractères physiologiques. Je veux dire que les éléments minéraux de chaque tissu, de chaque système de plastides nous indiqueront les métaux de choix de chaque ferment et que réciproquement la nature de la fermentation nous indiquera le métal qui excite le ferment.

Prenons pour exemple le tissu musculaire. Préparons la myosine du plasma musculaire par le procédé de Kühne ou tout autre. La myosine se coagule spontanément; par ce que nous savons des propriétés coagulantes de la chaux en présence de certains ferments nous pouvons affirmer que le muscle contient un ferment coagulant et des sels de chaux. Faisons agir le sérum musculaire, c'est-à-dire le liquide qui baigne la myosine coagulée, sur l'empois d'amidon ; celui-ci se transformera en dextrine et maltose; par ce que nous savons de l'action du chlorure de potassium au contact des amylases nous pouvons affirmer que le sérum musculaire contient une amylase et du chlorure de potassium. Le même sérum alcalin, maintenu à une température de 38-40°, transformera une certaine quantité de fibrine en peptones; par ce que nous savons de l'action du chlorure de sodium sur la fermentation en milieu alcalin, nous pouvons affirmer que le sérum musculaire contient des sels de soude et une trypsine.

Ce sont là des moyens d'analyse, qui ont une grande analogie avec l'analyse du sol par les plantes [1].

Mais la magnésie, me direz-vous? Nous y arrivons après ce grand détour nécessaire.

Prenons, pour exemple, les deux colonies cellulaires du cerveau, la substance grise et la substance blanche; la graine du blé, le sperme et le jaune de l'œuf; que voyons-nous? Ces substances sont plus riches en magnésie qu'en chaux, en potasse qu'en soude; leurs dominantes minérales sont la potasse, le phosphore et la magnésie.

Les nucléines sont abondantes dans toutes ces substances; toutes elles contiennent des lécithines.

Lorsque pour la préparatien de la lécithine on a épuisé les jaunes d'œuf par l'éther froid, le précipité qui se forme par addition d'une grande quantité d'eau au résidu insoluble dans l'éther, et qui n'est

[1] G. Lechartier. *De l'analyse du sol par les plantes*. Comptes rendus, t. CXXI, p. 866.

autre que la lécithine, entraîne une certaine quantité de phosphates; ces phosphates sont des phosphates de chaux à peu près exempts de magnésie.

La manière dont précipite la lécithine, par un excès d'eau, rappelle la précipitation du sang additionné de chlorure de sodium qui empêche la coagulation, quand on vient à l'étendre d'eau. La dissociation produite par la dilution remet en liberté les sels de chaux un moment retenus par le chlorure alcalin, et les sels de chaux reprenant leur liberté provoquent l'action du ferment coagulant.

Après avoir retiré la lécithine du jaune d'œuf, il reste les nucléines, les nucléo-albuminates, les caséines. Ces substances sont également liées à des phosphates, à des sels terreux, mais cette fois les phosphates sont des phosphates de magnésie.

Maintenant, prenons les uns après les autres, sur le tableau que vous avez devant les yeux, les tissus contenant le plus de magnésie (abstraction faite, bien entendu, des os et des dents, réserves naturelles animales de la chaux et de la magnésie); prenons les graines animales ou végétales, les muscles, et nous pouvons constater que ce sont précisément les tissus les plus riches en nucléines, en nucléo-albuminates.

La chaux sert donc les transformations des lécithines et la magnésie sert les transformations des nucléines, toutes différentes.

Nous avons constaté que le magnésium métallique favorisait l'oxydation des déchets azotés urinaires et augmentait la quantité d'urée; nous constatons que le magnésium favorise les échanges nucléaires, qu'il est la dominante minérale d'action de la nucléine; or, les corps xanthiques très voisins des uréides sont des produits de la décomposition nucléaire.

Le magnésium préside aux échanges de la cellule nerveuse, de la cellule spermatique, de la cellule musculaire; je suis par conséquent autorisé à prétendre que le magnésium est le métal de la génération et de la sensation.

Le moment n'est pas venu de nous occuper du milieu nucléaire, du plasma de la cellule, du milieu qui baigne le plastide; mais nous pouvons bien dire que le plasma nucléaire, riche en phosphore, est chargé d'électricité négative et que le plasma cellulaire est chargé d'électricité positive.

Tollens [1] a démontré que la magnésie dédoublait l'aldéhyde formique en alcool méthylique et formiate; ainsi peut s'expliquer la présence de l'acide formique chez les végétaux, car le magnésium sert

[1] D. ch. g.

l'activité du *leucite* de la chlorophylle dont le rôle est de former un carbure d'hydrogène et divers hydrates de carbone par polymérisation. Ne serait-ce pas la magnésie qui dans les animaux comme dans les végétaux serait la cause du dédoublement de l'aldéhyde formique et de la présence de l'acide formique dans les sucs, les liquides et les tissus? Il y a de l'acide formique dans le suc musculaire et dans le cerveau, et muscles et cerveau sont riches en nucléines, en magnésie, comme nous venons de le voir.

HUITIÈME LEÇON

LE FER

Messieurs,

Je ne sais pas si vous êtes finalistes, hylozoïstes ou théistes ; mais, s'il faut nous en tenir aux prévisions de Bunge, la chaux et la magnésie que nous connaissons, le fer dont nous allons commencer l'étude, tous les trois indispensables à la vie des plantes, des animaux et de l'homme, peuvent devenir, un jour, par une singulière combinaison des choses de la nature, les causes de l'extinction de la vie sur notre planète.

La chaux et la magnésie s'empareront de tout l'acide carbonique de l'atmosphère dont la source en sera tarie par le refroidissement de la terre ; le fer s'emparera de tout l'oxygène de l'air et la vie disparaîtra de la surface de notre monde.

Plusieurs milliers de siècles passeront sur ce modeste cours de minéralogie biologique avant que le fer ait réduit les hommes et les animaux et les plantes par l'asphyxie ; nous pouvons donc, sans arrière-pensée, nous enquérir des services que le fer nous rend chaque jour, plutôt que de nous inquiéter de l'anéantissement hypothétique et en tout cas fort lointain dont il nous menace.

L'histoire du fer, comme celle de quelques autres métaux, est intimement liée à l'histoire de l'humanité. Il y avait déjà de longs siècles que le fer véhiculait l'oxygène dans les globules rouges du sang des hommes, lorsque les Aryas connurent le fer, car ils le connurent et le travaillèrent selon les linguistes.

Tubal-Caïn, fils de Lamech, travaillait habilement le fer 4000 ans avant Jésus-Christ.

Il y aura bientôt trente-trois siècles que le berger Mélampe fit prendre à Yphiclès, fils de Philaque, de la rouille de fer avec du vin, et, le guérit ainsi de son impotence. Vous voyez que l'invention des vins ferrugineux n'est pas de date récente.

En minéralogie, le fer forme le groupe des *sidérides ;* ce groupe ne renferme que quelques-unes des combinaisons sous lesquelles on trouve le fer dans la nature où il se rencontre en abondance.

Comme s'il manquait au sein de la terre, le ciel nous envoie, avec un grand fracas, des masses de fer énormes parfois ; ce sont les *météorites*. Il existe au Muséum un météorite qui pèse près de 600 kilogrammes; de Humboldt a découvert, au Mexique, près de Durango, un météorite du poids de 2.000 kilogrammes.

Les météorites sont composés de fer métallique, *natif*, de silicate double de fer et de magnésie, de sulfate de fer ou *pyrite*, de phosphure double de fer et de nickel, etc.

Les minéraux les plus connus auxquels le fer est allié sont au nombre de soixante-six. Ils sont tous très intéressants pour le minéralogiste et le géologue. La plupart de ces minéraux sont des oxydes, des sulfures, des carbonates, des phosphates, des sulfates, des silicates de fer, simples ou composés.

Le fer est un métal d'une densité de 7,2 à 7,9, selon son état physique; il cristallise en cubes ou en octaèdres.

Le fer pur, réduit au rouge vif, est d'un blanc d'argent.

Si l'on réduit le peroxyde de fer pur à une température élevée, on obtient une poudre noire, poreuse, qui s'enflamme dès qu'on la projette dans l'air; c'est le fer pyrophorique de Magnus. Le fer, réduit en présence de l'alumine, s'enflamme au contact de l'air. L'alumine agit, dans cette circonstance en augmentant la division des molécules du fer.

Le fer réduit par l'hydrogène est un agent médicamenteux.

Le fer occupe le sixième rang parmi les corps bons conducteurs de la chaleur et de l'électricité ; il est très magnétique.

A l'air humide, le fer s'oxyde lentement et se recouvre de *rouille;* la rouille est du sesquioxyde de fer hydraté. La propagation de la rouille en surface et en profondeur résulte de l'action des courants électriques qui se développent entre la tache de rouille et le fer humide ; l'eau est décomposée ; l'oxygène se porte sur le fer, l'hydrogène s'unit à l'azote de l'air pour former de l'ammoniaque.

M. J. Ville a démontré que le fer ne s'altérait pas à l'air humide si cet air ne contenait pas de l'acide carbonique ; la rouille serait le résultat de la formation d'un carbonate ferreux qui s'oxyderait dans la suite.

Les phénomènes de la formation de la rouille sont fort intéressants et nous ne serons pas sans leur trouver quelque analogie dans l'action du fer comme agent d'oxydation et d'hydratation au sein de l'économie.

Le fer peut se combiner avec d'autres corps simples que l'oxygène ; il s'unit au soufre, au chlore, au brome, à l'iode, au phosphore, au carbone.

Les combinaisons oxygénées du fer sont au nombre de cinq :

Protoxyde de fer.	FeO
Oxyde magnétique.	$FeO, Fe^2O^3 = Fe^3O^4$
Peroxyde.	Fe^2O^3
Oxyde des battitures.	$4FeO, Fe^2O^3$
Acide ferrique.	FeO^3

Le protoxyde de fer est une base puissante. Debray a pu le préparer à l'état anhydre ; à l'état d'hydrate, il est d'un blanc légèrement verdâtre ; il se suroxyde rapidement à l'air. Le peroxyde de fer anhydre, cristallisé, constitue le fer *oligiste*, le fer *spéculaire ;* amorphe, c'est l'*oxyde rouge ;* fibreux, c'est l'*hématite.*

Le peroxyde de fer hydraté constitue l'*hématite brune*, la *limonite*, le fer *oolithique*, le fer *hydraté.* La limonite sous la forme oolithique est le minerai de fer qui alimente la plupart des usines de la France.

Le peroxyde de fer hydraté, appelé aussi *sesquioxyde de fer*, est le safran de mars apéritif des pharmacopées.

L'hydrate de peroxyde de fer gélatineux est, avec la magnésie, le meilleur contre-poison de l'arsenic.

L'oxyde magnétique ou fer oxydulé, oxyde salin, est une combinaison de protoxyde et de peroxyde de fer ; l'aimant naturel, c'est-à-dire l'oxyde de fer magnétique, est fréquent en Norvège, en Suède, où il forme des montagnes entières, en Laponie, au Canada et en Algérie.

L'oxyde de fer des battitures est aussi un oxyde de fer magnétique qui se détache quand on martelle le fer que l'on a fait rougir au feu pendant un certain temps.

L'acide ferrique n'a pas encore été isolé, néanmoins on a fixé sa composition en traitant le ferrate de potasse par un acide.

Le carbonate de fer, *fer carbonaté lithoïde, sidérose, carbonate ferreux, carbonate de protoxyde de fer*, est très peu stable; les pilules de Vallet sont faites avec du carbonate ferreux.

Il existe plusieurs sulfures de fer : un protosulfure, un bisulfure, un sulfure magnétique, etc.; le soufre, comme l'oxygène, a une grande affinité pour le fer.

Le sulfure de fer se rencontre dans l'intestin et les excréments.

Les chlorures de fer sont au nombre de deux : le protochlorure et le perchlorure de fer.

Le protochlorure de fer anhydre est en écailles blanches, nacrées, très solubles dans l'eau. Rabuteau pensait que toutes les préparations de fer pénétraient de l'estomac dans l'organisme à l'état de protochlorure.

Le perchlorure de fer est très soluble dans l'eau; il est soluble dans l'alcool et dans l'éther; il se présente sous forme de belles paillettes violettes ayant un léger éclat métallique.

Selon Rabuteau, le perchlorure de fer est ramené à l'état de protochlorure dans l'organisme.

D'après J. Gaub[1], le perchlorure de fer se combine aux hydrates de carbone du contenu gastrique et passe ainsi à l'état de combinaison organique dans le duodénum; il traverse l'épithélium intestinal et le vaisseau lymphatique central de la villosité, et il se trouve en combinaison albuminoïde dans la lymphe.

Les chlorures de fer forment des sels doubles avec les chlorures alcalins.

Vous connaissez tous l'usage que l'on fait en thérapeutique du perchlorure de fer tant à l'intérieur qu'à l'extérieur.

Le sulfate de protoxyde de fer, *vitriol vert, couperose verte*, est incolore et amorphe à l'état anhydre; il cristallise en prismes rhomboïdaux obliques qui contiennent 45.5 p. 100 d'eau, soit sept équivalents; il est soluble dans une fois et demie son poids d'eau froide et dans le tiers de son poids d'eau bouillante.

1 *Deutsche medicin. Wochenschrift*. N° 19, 1896.

Le sulfate de protoxyde de fer s'oxyde lentement à l'air humide et les corps oxydants le transforment en sulfate de sesquioxyde. Le sulfate de protoxyde de fer est un des sels métalliques les plus employés dans l'industrie et dans les laboratoires; en thérapeutique son usage est aujourd'hui fort restreint; c'est un antiseptique.

Le sulfate de peroxyde de fer est blanc jaunâtre; il cristallise en prismes rhomboïdaux droits; il donne avec le sulfate de potasse et avec le sulfate d'ammoniaque des sels doubles ou *aluns* de fer; soumis à la chaleur, il perd un équivalent d'acide sulfurique; à peu près sans usages.

D'après Cl. Bernard, le sulfate ferrique introduit dans le sang à faibles doses se transforme en sulfate ferreux.

Les phosphates de fer sont insolubles, sauf le superphosphate, assez répandu dans la thérapeutique en Angleterre; le superphosphate se prépare en faisant dissoudre à chaud, jusqu'à saturation, du phosphate de fer neutre dans l'acide métaphosphorique.

Les autres phosphates de fer sont employés en médecine sous forme de sels doubles ou dissous par un acide organique.

Les sels organiques de fer, tels que les tartrates, les oxalates, ont joui d'une certaine vogue comme médicaments.

J'ai peut-être beaucoup insisté sur le fer et ses composés, mais il y a peu d'agents dans la matière médicale qui aient été aussi souvent prescrits et sous des formes aussi diverses que les sels de fer ; il y a peu de substances minérales jouant un rôle aussi important dans les manifestations de la vie.

Sydenham, le premier, employa le fer contre la chlorose (1681).

Dans la chlorose, l'hémoglobine, albuminate ferreux, tombe de 11 à 12 p. 100, taux normal, à 5 et 4 p. 100 ; l'hémoglobine est la combinaison organique par excellence du fer dans l'organisme.

Fer métallique dans 1 000 parties de cendres de certains végétaux [1] :

	Fer.
Pin maritime.	2 gr. 68
Pin d'Autriche	2 — 30
Pommes de terre (tubercules).	0 — 35
Topinambours	3 — 64
Betteraves (racines)	1 — 55
Navets.	0 — 84

Fer métallique pour 1 000 parties de cendres de feuilles de certains arbres ; analyses faites dans le courant d'octobre :

[1] Calculé sur les analyses de Fliche et Grandeau, Zoeller et Liebig, Dehérain, etc.

	Fer.
Feuilles de hêtre	0 gr. 77
— de robinier	1 — 02
— de merisier	0 — 83
— de bouleau	0 — 82
— de châtaignier	1 — 52

Du mois de mai au mois de novembre le fer augmente de près du double dans les feuilles des arbres.

Fer dans 1 000 parties de cendres de froment :

	Fer.
Paille	1 gr. 62
Grain	0 — 56
Fer total, dans le corps de l'homme moyen	2 — 75

Fer dans 1 000 parties de sang frais :

	Fer.
Sang de l'homme	0 gr. 58
— de la femme	0 — 54
— de chien	0 — 58
— de bœuf	0 — 50
— de cheval	0 — 33
— de grenouille	0 — 42
— de poulet	0 — 39
— de porc	0 — 55
— d'oie	0 — 34
Fer dans 100 parties de globules rouges secs	0 — 35

Fer dans 100 parties d'hémoglobine cristallisée et sèche :

	Fer.
Hémoglobine de poulet. . . .	0 gr. 34
— de cheval. . . .	0 — 47
— de chien	0 — 34
— d'oie.	0 — 43
— de porc	0 — 43
— de cochon d'Inde	0 — 48
Fer dans la nucléine du vitellus.	0 — 29 p. 100.

Fer dans 1000 parties de substances fraîches :

	Fer.
Muscles	0 gr. 052
Cerveau	0 — 10
Lait	0 — 0028
Foie de fœtus humain à terme.	0 — 17
Rate du même	0 — 32
Foie de l'homme [1].	0 — 23
— de la femme.	0 — 09
— de chien.	0 — 095
— de hérisson	0 — 88

Fer dans 1000 parties de cendres :

	Fer.
Rate de l'homme [2].	5 gr. 09
— de la femme.	4 — 07
Foie d'adulte.	1 — 91

[1] Lapicque et Guillemonat. Soc. de Biol., juillet 1896.

[2] MM. Lapicque et Guillemonat prétendent que la rate n'est pas plus riche en fer que les autres organes. Soc. Biol., 13 juin 1896.

Le foie des animaux nouveau-nés contient, d'après Bunge, six fois plus de fer que le foie de l'adulte. Lapicque, Krüger[1] ont corroboré ce fait pour le foie des lapins, des chiens nouveau-nés, pour le veau. Mais, pour le fœtus humain, il semble résulter de l'analyse de M. Lapicque que le foie contiendrait moins de fer que la rate.

La composition albumino-ferrugineuse du foie a été appelée *hépatine* par Zalesky, *ferratine* par Schmiedeberg et Marfori[2]. Le fer organique de déchet est dénommé *sidérose* par Quincke et *rubigine* par Auscher et Lapicque[3].

La rate forme chez l'homme la grande réserve du fer ou l'usine qui travaille la plus grande quantité de fer de tout l'organisme. La première réflexion qui se présente à l'esprit, à la suite de la lecture des tableaux précédents, c'est que le fer, comme les autres éléments minéraux, d'ailleurs, est variable pour chaque tissu, que le fer se porte sur des points déterminés, de choix : vers les feuilles chez les plantes, vers les globules rouges chez les animaux. Toutes conditions égales, le poids du fer varie des feuilles du hêtre aux feuilles du châtaignier, de l'hémoglobine du poulet à l'hémoglobine

[1] *Zeitschrift für Biologie*, 1890.
[2] *Arch. für experim. Path. und Pharm.*, 1894.
[3] *Archives de Physiologie*, 1896.

du cobaye, c'est-à-dire qu'il y a autant de modes de vie que d'espèces et qu'en dehors des autres caractères la minéralogie biologique nous permet de déterminer ces modalités.

Le grain chlorophyllien ou *Leucite*, véhicule de la matière colorante verte des plantes, véritable amibe, goutte de protoplasma, soutenue exclusivement par le phosphate de magnésie, dérobe au rayon solaire son énergie chimique, l'emmagasine et s'en sert pour décomposer l'eau et l'acide carbonique, produire de l'aldéhyde méthylique, du glucose et de l'amidon, termes premiers de la fonction chlorophyllienne : aussi à l'obscurité la plante se décolore, devient chlorotique. L'obscurité n'est pas l'unique cause de la chlorose chez les plantes ; le prince Salm-Hormster a rendu chlorotiques des avoines et des colzas en les cultivant dans des milieux privés de fer ; il les guérissait de cette maladie expérimentale en ajoutant des sels de fer aux milieux de culture.

Les agronomes, les médecins, discutent en ce moment l'emploi du fer ; personne ne nie formellement l'action bienfaisante[1] du fer, démontrée par plus de deux cents ans d'observation, mais personne ne savait jusqu'en ces derniers temps ni

[1] Lire les expériences de W. Waltering, in varia. *Méd. mod.*, 7e année, n° 29.

comment il entrait dans l'organisme, ni ce qu'il y faisait, ni comment il en sortait.

La chlorophylle ne contient pas de fer et cependant le fer est nécessaire, indispensable à la fonction chlorophyllienne. Les analyses, les expériences sont là, probantes, s'appuyant les unes sur les autres depuis 1843. Rappelons-nous que le milieu minéral de Raulin contient autant de fer que de zinc, 7 centigrammes ; le fer est indispensable à la végétation de l'aspergillus niger ; sa suppression fait descendre la récolte et empêche la formation des spores. Or, M. Linossier[1] a montré l'analogie de composition du pigment de l'aspergillus niger avec l'hématine et que l'absence du fer apportait un obstacle à la formation des spores. Le rôle du fer est tout autre que celui du zinc.

Le plasma des plantes contient du fer, comme le plasma des vertébrés, excepté celui des leptocéphalides et de l'amphioxus, comme le sang de quelques helminthes. (Chlorocruorine, oxychlorocruorine et chlorocruorine réduite ; pigment vert à base de fer.)

On rencontre le fer dans l'organisme en combinaisons inorganiques ; à l'état d'oxydes et de phosphates ; en combinaisons organiques ; à l'état

[1] Comptes rendus, t. CII.

d'albuminates d'oxyde de fer, combinaison peu stable ; à l'état de combinaison directe très résistante comme dans l'hématine. Le vitellus de l'œuf contient le fer sous forme de nucleo-albuminate de fer ; c'est l'*hématogène* de Bunge.

La plus grande partie du fer de notre organisme se trouve à l'état de combinaison organique sous la forme d'*hémoglobine*.

L'hémoglobine est la matière colorante du sang ; elle n'existe que dans le globule rouge ; elle est composée de fer et de matière albuminoïde. On peut la considérer sous deux états : à l'état d'oxyhémoglobine chargée d'oxygène actif et à l'état d'hémoglobine réduite ou privée d'oxygène actif.

En traitant l'oxyhémoglobine par l'eau chaude, les alcalis, les acides, on obtient entre autres éléments une matière colorante ferrugineuse, l'*hématine*, une matière albuminoïde et des acides gras volatils. Je n'ai pas l'intention d'étudier aujourd'hui, quoique la chose soit bien tentante, je vous l'assure, la composition minérale du globule rouge dans son ensemble ; nous étudions le fer et nous devons nous borner, pour le moment, à l'étude de cet élément.

Dans le jaune d'œuf qui contient du fer organique mais pas d'hémoglobine avant l'incubation, le fer est lié, à l'état métallique, comme le soufre ou le phosphore, à la matière protéïque dont il fait partie intégrante ; c'est du fer qui n'a pas encore respiré.

L'incubation qui n'est pas autre chose que la mise en jeu par la chaleur des actions hydrolytiques et de certains ferments, encore inconnus pour la plupart, mais nous en découvrons tous les jours de nouveaux, oxyde le fer à son *maximum* d'oxydation ; le peroxyde de fer abandonne une partie de son oxygène, passe à l'état de protoxyde, s'oxyde de nouveau et revient à l'état de protoxyde ; c'est ainsi que le fer se comporte toujours au contact de la matière organique morte ou vivante, en voie de transformation. Le fer est donc un agent puissant d'oxydation. Il sert, sans doute, un ou plusieurs de ces ferments appelés *oxydases* par M. Bertrand à cause de leurs fonctions, la *tyrosinase*[1] par exemple, ferment oxydant de la tyrosine.

L'oxyhémoglobine contient au moins quatre fois plus d'oxygène qu'il n'en faut pour transformer le fer en peroxyde, ce qui indique bien que le fer seul ne saurait fixer tout l'oxygène du sang et que le fer joue le rôle d'incitateur d'un ferment oxydant, rôle analogue, mais de fonction différente, à celui que joue la chaux dans les lécithines, la magnésie dans les nucléines.

[1] G. Bertrand. *Sur une nouvelle oxydase.* Comptes rendus, t. CXXII, p. 1215.

En somme, les expériences de Bunge prenant le fer dans le jaune d'œuf avant l'incubation, où il ne se trouve pas à l'état de sel, mais, je vous l'ai dit, à l'état de nucléinate moins fixe toutefois que dans l'hématine, pour arriver fatalement à l'hémoglobine du poulet, puisqu'aucune autre combinaison de fer ne peut pénétrer dans l'œuf, indiquent qu'avant d'arriver à former l'hémoglobine, le fer entre dans une combinaison organique plus complexe et phosphorée, l'*hémoglobinogène*.

Je viens de dire que l'hémoglobine se décomposait, sous l'influence des alcalis ou des acides, en hématine, pigment coloré, à base de fer et en albuminate ; si vous agitez ces deux substances, l'hématine et l'albuminate ainsi séparés, avec de l'oxygène, l'hémoglobine se reconstitue ; mais si vous prenez un albuminate quelconque et le mettez en contact avec de l'hématine pure, l'oxygène sera sans action, vous ne pourrez plus reformer l'hémoglobine. Le fer est là cependant dans son état de combinaison naturelle, l'hématine ; seulement l'albuminate particulier, le ferment oxydant sont absents.

Les éléments minéraux sont caducs comme la matière protéique qu'ils soutiennent ; le même fer ne peut pas servir deux fois la même transformation organique, aussi s'élimine-t-il constamment. Contrairement à la plupart des autres combinaisons minérales, le fer s'élimine chez l'homme principalement par la voie intestinale, soit que le fer ait été introduit dans l'organisme par l'estomac, soit qu'il ait été directement poussé dans la circulation.

Bucheim et Mayer[1] ont trouvé la muqueuse intestinale recouverte d'une sécrétion riche en oxyde de fer peu d'heures après avoir injecté une solution de sel de fer dans la jugulaire d'animaux à jeun. L. Lapicque[2] en injectant indifféremment une solution de citrate de fer ammoniacal à 1 p. 100 à la dose de 25 centimètres cubes dans la saphène, une branche afférente de la veine porte ou une artère mésentérique, a constaté que le fer apparaissait dans l'urine quelques minutes après le commencement de l'injection; l'élimination du fer par l'urine ne durait pas plus d'une heure et la quantité de fer éliminé représentait le vingtième de la quantité injectée; ensuite l'urine ne contenait plus de fer; à l'état normal, l'urine ne contient que des traces impondérables de fer.

Le fer s'absorbe par l'intestin sous forme de com-

[1] Dissert. Dorpat, 1850.

[2] Soc. de Biol., 30 mars 1895. *Arch. de Physiol.*, avril 1895.

binaison organique. « Les transformations par lesquelles passe le fer introduit à l'état inorganique sont les suivantes : il se combine à un hydrate de carbone du contenu gastrique en formant une combinaison organique ; celle-ci passe dans le duodenum et s'y dissout. L'épithélium se charge du fer et le transmet par l'intermédiaire des fentes lymphatiques au vaisseau lymphatique central ; de là le fer passe dans le torrent lymphatique général, dans les ganglions lymphatiques du mésentère et apparaît en combinaison organique, albuminoïde probablement, dans le canal thoracique. De là il passe dans le sang pour aller dans la rate, s'y accumuler sous forme de combinaison organique faiblement liée. » (J. Gaub, *La Médecine moderne*, 7e année, n° 54.)

Le fer se rencontre dans les tissus sous forme [m]allique, sous forme d'oxyde et de phosphate ; [il] se trouve dans le jaune d'œuf, dans le sang, sous la forme d'un composé organique azoté ; il agit par ses propriétés oxydantes inhérentes à sa nature et en incitant un ferment oxydant, une oxydase ; il s'élimine par la surface intestinale sous forme d'oxyde et est expulsé par les excréments sous forme de sulfure. La quantité de fer éliminé par la bile est très variable ; la quantité de fer éliminé par les urines est insignifiante, 0,00193. Dans la *malaria* la quantité de fer éliminé en vingt-quatre heures atteint 0,016[1].

1 G. Colasanti et T. Jacoangeli. *Arch. Ital. de biol.*, t. XXIII. Voir Guillemonat. *Sur la teneur en fer du foie et de la rate*, Thèse de Paris, 1896.

NEUVIÈME LEÇON

MANGANÈSE. — SOUFRE

Messieurs,

Delàtre fait procéder le mot manganèse du mot grec Μαγγανον qui signifie tromperie. Je ne sais pas si l'étymologie est exacte, mais la signification du mot est juste, car le manganèse est un métal trompeur.

Est-ce que tous les auteurs ne se sont pas accordés à dire jusqu'à ce jour que la présence du manganèse dans l'organisme végétal ou animal ne tirait pas à conséquence ? Qu'il était quelquefois dans l'organisme, mais qu'il pouvait ne pas y être sans que l'organisme en souffrît autrement ? Je vais vous démontrer, dans cette leçon, que le manganèse est indispensable à la vie des plantes, des animaux et de l'homme.

Le manganèse est assez répandu dans la nature à l'état d'oxydes, en combinaison avec le soufre, le phosphore, l'arsenic, l'acide carbonique, la silice, le tungstène et le titane; il a été isolé par Gohn; sa densité égale 8 ; c'est un métal grisâtre, cassant, dur, très réfractaire ; son affinité pour l'oxygène est très grande ; on est obligé de le conserver comme le potassium et le sodium dans de l'huile de naphte ; le manganèse s'oxyde à l'air en se recouvrant d'une rouille brune qui se transforme en poudre noire ; il décompose l'eau lentement à la température ordinaire et abondamment à 100° en dégageant de l'hydrogène qui a une odeur désagréable, caractéristique, alliacée.

Les composés oxygénés du manganèse sont nombreux :

Protoxyde de manganèse . .	MnO
Oxyde rouge ou oxyde salin.	Mn^3O^4
Sesquioxyde.	Mn^2O^3
Bioxyde ou peroxyde	MnO^2
Acide manganique	MnO^3
Acide permanganique. . . .	Mn^2O^7

Lorsqu'il est anhydre, le protoxyde de manganèse est verdâtre ; hydraté, il est blanc, mais il absorbe facilement l'oxygène de l'air et devient brun.

L'oxyde rouge de manganèse est rose brun à l'état naturel (Haussmanite) ; obtenu artificiellement, il est rouge foncé ; traité par un acide, il donne un mélange d'un sel de protoxyde et d'un sel de sesquioxyde.

Le sesquioxyde de manganèse se trouve dans la nature à l'état anhydre (Braunite) ; à l'état hydraté (acerdèse) ; le sesquioxyde de manganèse est brun noirâtre, peu stable.

Le bioxyde de manganèse (pyrolusite) cristallise en cristaux prismatiques d'un gris d'acier ; il est abondant dans l'Europe centrale ; il est insoluble dans l'eau ; il sert à préparer le chlore, l'oxygène ; il sert comme oxydant dans les laboratoires.

L'acide manganique n'a pas encore été isolé ; il n'est connu qu'à l'état de combinaison avec la potasse.

L'acide permanganique est brun, cristallisé, soluble dans l'eau et peu stable ; combiné avec la potasse, l'acide permanganique forme un corps très oxydant fréquemment employé dans les laboratoires.

En médecine, le permanganate de potasse est employé comme bactéricide et antiseptique. Le professeur Masoin, de Louvain, a préconisé le permanganate de potasse contre le diabète. Le docteur Bloom a employé le peptonate de manganèse associé au fer contre l'aménorrhée des chlorotiques.

Le chlorure, le sulfure, le sulfate et le carbonate de manganèse n'ont pas d'usages intéressants pour nous.

Le manganèse, dit Bunge[1], est contenu en quantité notable dans les cendres de quelques végétaux, *sans, cependant, qu'on lui connaisse un rôle quelconque dans l'activité vitale.*

En quantités minimes ce métal est très répandu dans le règne végétal ; parfois on le rencontre aussi chez l'animal. Le manganèse se trouve dans l'économie animale, en petites quantités, à côté du fer (Engel [2]).

Fourcroy et Vauquelin ont signalé l'existence du manganèse dans les os, Gmelin dans le suc gastrique, Berzelius dans le lait.

D'après Millon, Hamon, Burin du Buisson, Pollau, le manganèse serait un des facteurs indispensables du sang, concourrait à la production du globule sanguin; son absence ou sa diminution produirait uue chloro-anémie spéciale, et il faudrait l'employer en thérapeutique comme un adjuvant, un succédané du fer.

M. Melsens, M. Glénard et M. Riche ont montré que le manganèse n'existe pas toujours dans le sang des personnes en santé et que, quand il s'y trouve, c'est en proportions si faibles qu'il faut le considérer comme un principe accidentel, et il paraît aussi peu rationnel d'admettre qu'il est

[1] *Cours de chimie biologique*, p. 26.

[2] *Nouv. élém. de chim. méd.*, Paris, 1888.

nécessaire à la constitution du sang que de prétendre qu'il est indispensable à la formation des os parce qu'on en rencontre des traces dans leur tissu [1] (Riche [2]).

Les expériences de Raulin sur la végétation de l'*aspergillus niger* ne permettent pas de considérer comme indifférentes, la présence dans les cendres des tissus, de minimes quantités de certains, d'aucuns métaux. Mais, vous l'entendez, comme le rôle du magnésium, le rôle du manganèse dans l'organisme est inconnu d'après les auteurs que vous avez entre les mains.

Voici les substances dans lesquelles le manganèse a été signalé :

Grains de seigle : phosphate de manganèse 18 gr. 30 p. 100 de cendres. (Analyse de Berthier.)

Le manganèse a été signalé dans :

Les cheveux (Vauquelin) ;

Les calculs biliaires (Bley, Wurzer, Bucholz, Weidenbusch) ;

Le sang (Wurzer, Cramer, Millon, Deschamps, Burin du Buisson) ;

Les globules rouges (Marchessaud) ;

[1] Je n'attache, à ces citations ou autres analogues, aucune idée de critique ; je les fais simplement pour bien préciser l'état actuel de la science touchant l'action physiologique des corps que nous étudions.

[2] Riche. *Manuel de chim. médic. et Pharm.*, Paris 1881.

Le pus (Pétrequin);

L'urine d'un cheval diabétique (John et Lassaigne);

L'urine d'un bœuf (Sprengel et Bibra);

L'urine de l'homme (Turner).

Le manganèse, comme le fer, serait dans les tissus à l'état d'oxyde; nous pensons qu'il fait partie de la molécule organique à l'état métallique, Mn, et que l'oxyde de manganèse est déjà une preuve de la dislocation de la molécule organique, un état post-vital; il en est ainsi pour le phosphore, le soufre, le fer, corps éminemment oxydables et oxydants.

Ainsi le manganèse existe dans nos tissus, dans les globules rouges du sang. Quel est son rôle? Sa grande affinité pour l'oxygène nous permet d'affirmer que le manganèse est un corps oxydant.

Nous avons vu, dans la dernière leçon, que l'hémoglobine contenait quatre fois plus d'oxygène qu'il n'en fallait pour oxyder le fer [1] ; ce n'est certes pas la minime quantité de manganèse que contient le globule qui sera capable d'absorber l'excédent d'oxygène. A ce propos, je vous ai dit que l'hémoglobine contenait, sans doute, un ferment oxydant

[1] Bunge pense que le soufre absorbe aussi une quantité déterminée d'oxygène; c'est certain; mais nous verrons que c'est le travail musculaire principalement qui oxyde le soufre.

particulier dont le fer était l'incitateur et qu'ainsi s'expliquaient tout naturellement les actions chimiques qui se passent dans le globule, en tenant compte, d'une part, des propriétés chimiques et physiques propres au fer, et, d'autre part, des propriétés oxydantes du ferment dont je vous ai démontré indirectement l'existence et que je compte vous apporter isolé l'année prochaine. Je ne fais point ici ni fantaisie ni hypothèses ; les ferments oxydants comme les ferments hydratants sont fort répandus dans l'organisme. M. Carnot vient de découvrir un ferment oxydant dans la salive, dans le mucus nasal, dans le sperme où il est très abondant [1]. Le premier ferment oxydant, je vous l'ai dit déjà, a été découvert par M. G. Bertrand, préparateur au Muséum ; de nouvelles découvertes sont venues s'ajouter à la première et M. Bertrand a créé une famille nouvelle de ferments : les *oxydases*. L'histoire du premier ferment oxydant [2] est intimement liée à l'action physiologique du manganèse, aussi vais-je m'arrêter quelques instants à l'étude de la *lacasse*.

La lacasse a été extraite par M. G. Bertrand du suc du *rhus succedanea* de Linné ; elle est blanche,

[1] Soc. de Biol. *L'Union pharmaceutique*, XXXVIIe vol., n° 6.

[2] Comptes rendus, t. CVIII, p. 121 ; t. CXX, p. 266 ; t. CXXI, p. 166, 783 ; t. CXXII, p. 1132.

non hygroscopique, très soluble dans l'eau, soluble dans la glycérine, insoluble dans l'alcool; elle est peu azotée et ne diffère des gommes solubles que par la plus grande fluidité de ses solutions; chauffée avec l'acide chlorhydrique concentré, avec de l'orcine[1], la lacasse devient violette; oxydée par l'acide azotique d'une densité de 1-2, elle fournit 24 p. 100 d'acide mucique; par hydrolyse elle produit un mélange de galactose et d'arabinose.

Voici la composition de la lacasse :

Humidité (dosée à + 120°) . .	7,40	p. 100.
Gomme (arabane et galactane).	86,77	—
Azote	0 gr. 41	—
Cendres (riches en manganèse).	5,58	—

La quantité de manganèse est d'environ le dixième des cendres totales, c'est-à-dire de 0,558.

La lacasse n'agit ni sur l'amidon, ni sur la saccharose, ni sur l'amygdaline, ni sur le myronate de potassium, ni sur la fibrine. En agitant une solution aseptique d'hydroquinone ou de pyrogallol additionnée d'un peu de lacasse, dans un ballon à robinet, on peut, après quelques heures de contact, constater que l'oxygène contenu dans le ballon a presque complètement disparu, que l'hydro-

[1] L'orcine qui possède la propriété de rougir au contact de l'oxygène, a été extraite en 1829 par Robiquet de la *Variolaria dealbata*.

quinone a été oxydée par l'oxygène gazeux en laissant un résidu de quinhydrone qui est une combinaison équimoléculaire de quinhydrone avec l'excès d'hydroquinone qui n'a pas encore été oxydée; que le pyrogallol s'est transformé en s'oxydant en purpurogalline.

L'analyse des gaz contenus dans le ballon indique qu'une grande partie de l'oxygène disparu est remplacée par du gaz carbonique. C'est le premier exemple, dit M. Bertrand, de réaction diastasique avec échange gazeux. La lacasse est très répandue dans le règne végétal ; on la rencontre principalement dans les organes en voie de développement rapide. Il y a des lacasses très actives, moyennement actives et presque tout à fait inactives.

Les lacasses actives sont riches en manganèse comme la lacasse du *rhus succedanea* et l'activité des autres lacasses est en rapport avec la quantité de manganèse qui les accompagne.

Voilà, par exemple, une lacasse peu active, à action lente ; nous y ajoutons une quantité presque impondérable de manganèse, d'un sel de manganèse, et, tout aussitôt apparaissent les réactions caractéristiques de l'oxydation de l'hydroquinone et du pyrogallol, et, la preuve que ce n'est point le manganèse qui est venu simplement ajouter son action oxydante à celle de la lacasse, c'est que la quantité d'oxygène absorbé est de beaucoup plus grande que la quantité d'oxygène nécessaire pour oxyder le manganèse et qu'il se dégage de l'acide carbonique.

Le manganèse est donc le métal incitateur de la lacasse, ferment oxydant ; c'est le cristal jeté dans une solution saline saturée.

Distinguez bien toutes les nuances, grossières jusqu'à présent, je vous l'accorde, mais que nous trouverons merveilleusement délicates dans le cours de ces leçons, distinguez les diverses nuances de l'action de la matière minérale dans ses rapports avec la matière organique ; la matière minérale engendre la matière vivante qui s'empare de la matière minérale, se combine avec elle si intimement qu'avec les réactifs ordinaires vous ne pouvez que difficilement, très difficilement caractériser la matière minérale au sein de cette combinaison ; témoin l'hématine du sang : vous ne pouvez arracher la matière minérale à la matière organique sans la détruire.

La matière vivante, produit de l'activité cellulaire, les diastases, par exemple, peuvent ne pas être directement combinées avec une suffisante quantité de matière minérale, elles peuvent être déminéralisées ; elles restent sans action si elles ne sont pas accompagnées de matière minérale, si elles ne sont pas en contact avec une minéralisation appropriée.

Comme le fer, donc, mais d'une manière beaucoup plus intense, le manganèse agit en incitant les ferments oxydants du globule sanguin et lorsque le sang ne contient pas de manganèse, il manque aux échanges gazeux, à la respiration du globule, un élément d'activité.

Le manganèse est absorbé par l'intestin et il est éliminé par l'intestin ; les expériences de Cahn[1] laissent la question d'absorption en suspens, absorption en tous points pareille à celle du fer, probablement (J. Gaub) ; mais elles sont probantes et définitives en ce qui concerne l'élimination du manganèse par l'intestin.

SOUFRE

Le soufre est un corps solide d'une couleur jaune clair, à la température ordinaire ; il est insipide, inodore, mauvais conducteur de la chaleur et de l'électricité ; il est insoluble dans l'eau et à peine soluble dans l'alcool et dans l'éther. Le soufre est soluble dans la benzine, l'aniline et le sulfure de carbone ; aucun corps ne présente de modifica-

[1] *Arch. für exper. Path. u. Pharm.*, t. XVIII, 1884.

tions allotropiques aussi nombreuses, tant à l'état solide, que liquide ou gazeux.

Le soufre a une grande affinité pour l'oxygène ; il se combine avec le phosphore, avec l'arsenic, avec le brome, avec l'iode, avec le chlore, avec le carbone, avec l'hydrogène, lorsque les deux corps se rencontrent à l'état naissant ou en vase clos à une température de 440°.

Tous les métaux, excepté l'aluminium, l'or et le platine, se combinent directement au soufre pour former des sulfures; l'eau facilite l'action du soufre sur les métaux. Aussi les composés du soufre que l'on rencontre dans la nature sont fort nombreux ; on trouve le soufre, à l'état natif, dans les solfatares de Pouzzoles, dans les calcaires du terrain tertiaire. Vis-à-vis de l'oxygène, du chlore, de l'iode et du brome, le soufre est électro-positif ; vis-à-vis du phosphore, du carbone, de l'hydrogène et des métaux, il est électro-négatif. Dans ces conditions, le soufre présente la plus grande analogie avec l'oxygène ; les métaux s'unissent au soufre avec incandescence comme avec l'oxygène ; l'eau facilite la combinaison du soufre avec le fer, comme elle facilite la combinaison du fer avec l'oxygène. Dans la chimie organique, comme dans la chimie minérale, un grand nombre de composés de l'oxygène et du soufre ont la même formule; il existe deux sulfures d'hydrogène comme il existe deux oxydes d'hydrogène.

La première combinaison de l'oxygène avec le soufre, l'acide sulfureux, a de nombreux usages industriels ; il est employé comme désinfectant. L'acide sulfurique existe à l'état anhydre et sous plusieurs état d'hydratation. Anhydre, l'acide sulfurique est solide, à la température ordinaire, et forme des houppes blanches et soyeuses comme de l'amiante ; on peut, en cet état, le prendre entre les doigts sans qu'il les brûle. L'acide sulfurique anhydre possède une grande affinité pour l'eau.

L'acide sulfurique ordinaire détruit les matières organiques en s'emparant des éléments de l'eau.

D'après ce que nous en avons dit, le soufre est donc, en général, un corps comburant comme l'oxygène; mais il est combustible en face de l'oxygène, du chlore, du brome et de l'iode.

Le soufre entre dans la constitution des matières albuminoïdes pour une proportion qui varie de 0,30 à 2 p. 100 ; aussi l'incinération de la matière protéique donne-t-elle toujours des sulfates.

Il est oiseux de dire que, pour la plus grande partie, ces sulfates proviennent de l'oxydation du soufre organique. Le sang, la plupart des tissus et des liquides de l'organisme contiennent des sulfates.

Soufre dans 100 parties de cendres.

	Soufre.
Cerveau	0 gr. 244
Poumon	0 — 457
Foie	0 — 30
Rate	0 — 829
Sérum sanguin	0 — 685
Caillot	0 — 029
Lait	0 — 861
Bile	2 — 086

Le soufre des tissus, l'acide sulfurique combiné des *excréta* ont une double origine : les combinaisons sulfureuses des aliments et des boissons, l'oxydation du soufre résultant de la réduction des sulfates. Je m'explique. Les sulfates au contact de la matière organique vivante sont réduits en acide sulfhydrique si le soufre ne trouve pas l'occasion de former un sulfure métallique, occasion qui ne manque point dans le milieu vivant, à l'état normal, au milieu des échanges normaux, lequel sulfure est réduit à son tour. Ici encore, je ne fais pas d'hypothèses; il existe des levures, des microbes dont la mission consiste à réduire les composés sulfureux. Les sulfuraires produisent avec les sulfates de l'hydrogène sulfuré. Certaines algues, les *beggiatoa* et les *ulothrix* réduisent les sulfates en soufre qu'elles s'incorporent et qu'elles oxydent ensuite. (Un. pharm. Planchud, Olivier et Etard.) Le coli-bacille jouirait des mêmes propriétés, dans certaines conditions, d'après J. Muller, de Wurzbourg[1].

Le soufre qui entre dans la constitution des albuminoïdes vivantes, n'est point le soufre que les aliments ont apporté en combinaison protéique, mais le soufre résultant de la réduction des composés sulfureux, pas plus que le soufre des essences alliacées, chez certains végétaux, n'est le soufre organique que les racines sont capables d'absorber.

Ainsi, comme tout élément constituant du corps, le soufre provient des aliments ; il est réduit et oxydé jusqu'à ce que les sulfates produits, incompatibles avec la vie du plastide, s'éliminent par les reins.

Parkes[2] admet que les deux tiers des sulfates éliminés par les urines proviennent de l'oxydation du soufre de l'organisme ; j'ajoute l'autre tiers, à moins qu'il n'y ait surcharge de sulfates alimentaires, pour les raisons que je viens de vous donner, la réduction des composés sulfureux d'une part, et, d'autre part, l'oxydation certaine du soufre organique.

[1] *Centralblatt für muere medic.*, n° 26, p. 668, 1896.

[2] H. Beaunis. *Phys. hum.*, t. I.

Beneke et Beale ont remarqué que l'élimination de l'urée et des sulfates étaient parallèles ; les sulfates, mieux encore que l'urée et les phosphates, d'après Engelmann, donneraient la mesure exacte de la désassimilation des matières protéïques.

Un adulte élimine chaque jour, par les urines, 2 gr. 75 de soufre calculé en acide sulfurique hydraté ou 5 grammes de sulfates calculés en sulfate de soude.

Si le soufre est oxydé dans l'organisme, et son oxydation n'est pas douteuse, nous vous dirons plus tard par quel mécanisme le travail musculaire qui use les muscles, qui use la matière albuminoïde, devra augmenter la quantité d'acide sulfurique dans les urines. Voici trois séries d'expériences démonstratives :

Trois chevaux[1] servent de sujets d'expériences ; ils sont désignés par les n°s 1, 2 et 3. Les quantités moyennes journalières d'acide sulfurique contenu dans les urines de ces trois chevaux ont été dosées dans des conditions semblables, à des intervalles réguliers, pendant le repos, pendant la marche et au travail.

[1] L. Grandeau et A. Leclerc. *Etudes expérim. sur l'aliment. du cheval de trait*, p. 156 et 175. Paris, 1882-1883.

CHEVAL N° 1

Urines du repos :

	Acide sulfurique.
Novembre 1880	9 gr. 356
Janvier 1881.	12 — 709

Urines à la marche :

Février 1881.	13 — 491

Urines au travail :

Décembre 1880.	15 — 366

CHEVAL N° 2

Urines du repos :

	Acide sulfurique.
Novembre 1880	7 gr. 051
Février 1881.	11 — 735

Urines à la marche :

Décembre 1880	11 — 623

Urines au travail :

Janvier 1881.	14 — 434

CHEVAL N° 3

Urines du repos :

	Acide sulfurique.
Novembre 1880.	8 gr. 855
Décembre 1880.	7 — 800

Urines à la marche :

Janvier 1881.	11 — 653

Urines au travail :

Février 1881	19 gr. 756

Moyenne de l'urine du repos :

Cheval n° 1	11 — 0335
— n° 2	9 — 393
— n° 3	8 — 3275

Moyenne de l'acide sulfurique de l'urine des trois chevaux :

	Acide sulfurique.
Au repos	9 gr. 277
A la marche	12 — 2825
Au travail	16 — 5186

Au repos, je veux dire en dehors de tout travail, chaque cheval a oxydé, en moyenne, 2 gr. 988 de soufre ; au travail chaque cheval a oxydé, en moyenne, 5 gr. 393 de soufre, c'est-à-dire près du double ; l'écart est beaucoup trop grand pour que nous ne puissions pas admettre une relation de cause à effet. Le travail musculaire augmente la quantité d'acide sulfurique dans les urines du cheval presque du double ; donc le soufre est oxydé dans l'organisme et cette oxydation se traduit par une plus grande excrétion de sulfates urinaires.

L'urée, l'acide hippurique augmentaient dans les urines en même temps que les sulfates ; l'augmentation de la créatinine était peu sensible.

L'action physiologique des composés oxygénés du soufre, acide sulfurique, acide sulfureux et acide hyposulfureux, sert admirablement la théorie de cette science : *la minéralogie biologique*. En effet, dans les empoisonnements par les *phénols ou leurs sels*, les sulfates alcalins transforment, *dans l'organisme*, les phénates toxiques en sulfo-phénates ou phénol-sulfates qui ne sont pas toxiques ; lors donc que vous rencontrez dans les urines un excès d'acide sulfoconjugué, dites-vous que l'organisme se défend contre une intoxication du groupe phénol et aidez-le à se défendre en augmentant la quantité des sulfates alcalins dont il dispose.

Dans les empoisonnements par les composés *cyanogénés*, les hyposulfites alcalins transforment, *dans l'organisme*, le groupe cyanogène très violemment vénéneux, en *sulfocyanogène* dont la toxicité est très faible. Ainsi M. Heymans[1] injecte à un lapin une solution d'hyposulfite de soude, puis une dose 5 à 7 fois mortelle de *dinitrile malonique* et le lapin ne paraît pas souffrir de l'ingestion de cette substance dont la toxicité est aussi grande que celle de l'acide cyanhydrique ou du cyanure de potassium.

L'injection d'hyposulfite de soude permet de rappeler à la vie les animaux empoisonnés par le dinitrile malonique.

[1] Soc. de Biol., 18 juillet 1896.

Il y a quelques années j'ai voulu étudier, avec un pharmacien de mes amis, l'action du cyanure de potassium sur un chat; malgré la dose relativement massive que nous avons administrée nous n'avons obtenu aucun résultat; or, d'après Schniedeberg et Meissner, les urines du chat et du chien contiennent presque toujours un hyposulfite alcalin.

Les composés cyanogénés sont aussi violemment vénéneux que les venins, que les toxines; leur antitoxine, c'est le soufre.

Cela me confirme dans cette idée que les zymases sont des agents chimiques divers, diversement minéralisés et à fonctions chimiques adéquates à la qualité de leur minéralisation.

DIXIÈME LEÇON

LE PHOSPHORE. — LE CHLORE

Messieurs,

Le phosphore libre n'existe pas dans la nature ; on le rencontre à l'état de phosphates divers, mais principalement à l'état de phosphate de chaux.

On extrait le phosphore du phosphate de chaux des os qui en sont très pourvus, comme nous l'avons appris dans une de nos précédentes leçons.

Brandt a découvert le phosphore dans l'urine en 1669 ; cent ans après, en 1769, Gohn découvrit l'acide phosphorique dans les os. Scheele a indiqué un procédé d'extraction du phosphore des os, procédé que l'on suit encore aujourd'hui.

Le phosphore est solide, jaune pâle, doué d'une odeur particulière ; il est mou à la température ordinaire et cassant à 0° ; il est soluble dans les huiles fixes et les huiles essentielles, dans l'éther, dans le pétrole et dans le sulfure de carbone.

Le phosphore se combine directement avec la plupart des corps simples ; ses affinités sont grandes et ses combinaisons sont exothermiques. Le phosphore s'oxyde à l'air sec et à l'air humide, à la température ordinaire ; son oxydation est plus intense à l'air humide qu'à l'air sec; mais, dans l'oxygène pur, le phosphore ne s'oxyde pas à une température inférieure à 25°, si ce n'est à une pression inférieure à la pression atmosphérique.

Vous connaissez tous le phénomène de la phosphorescence qui est dû à une combustion lente du phosphore. Le phosphore est un réducteur des composés oxygénés.

Le phosphore rouge est la modification la plus importante des différents états allotropiques du phosphore.

Les composés hydrogénés du phosphore ne sont pas moins intéressants pour nous que ses composés oxygénés; nous retiendrons pour cette étude l'acide phosphorique anhydre et ses hydrates ; le phosphure d'hydrogène.

L'acide phosphorique anhydre est blanc, neigeux ; il se combine avec l'eau dont il est très avide, en dégageant beaucoup de chaleur.

L'acide phosphorique anhydre forme avec l'eau quatre hydrates correspondant aux formules suivantes :

PhO^5, HO	$PhO^5, 3HO$
$PhO^5, 2HO$	$PhO^5, 4HO$.

A chacun de ces hydrates correspondent des sels particuliers ; les équivalents d'eau peuvent être remplacés par un nombre égal d'équivalents de bases ; on obtient ainsi des sels mono- bi- tri- ou tetra-basiques ; les sels correspondant à l'acide phosphorique mono- bi- et tri-hydraté sont les plus connus.

L'eau basique de chaque hydrate d'acide phosphorique peut être remplacée par autant d'équivalents de chaux, par exemple. L'acide phosphorique ordinaire ou acide orthophosphorique est tribasique ; chacun de ses équivalents d'eau peut être remplacé par un équivalent de base :

$$3CaO, PhO^5 = PhO^5, 3HO$$
$$2CaO, PhO^5 = PhO^5, 2HO$$
$$CaO, PhO^5 = PhO^5, HO$$

Les équivalents de chaux se substituent un à un aux équivalents d'eau. L'acide phosphorique tri-hydraté s'appelle l'acide orthophosphorique ; l'acide phosphorique bi-hydraté s'appelle l'acide pyrophosphorique, et l'acide phosphorique mono-hydraté s'appelle l'acide metaphosphorique.

Sauf les orthophosphates alcalins, les phosphates tribasiques sont insolubles. L'acide orthophosphorique ne coagule pas l'albumine ; l'acide pyrophosphorique ne coagule pas l'albumine ;

l'acide métaphosphorique coagule l'albumine.

Le phosphore est introduit dans l'organisme sous la forme de combinaisons salines et sous forme de combinaisons organiques, je veux dire en combinaison avec la molécule protéique.

Les nucléines et les lécithines fournissent avec les caséines qui dérivent des nucléo-albuminates, le phosphore qui entre dans l'organisme à l'état de combinaison protéique.

Richesse en phosphore de quelques nucléines.

	Phosphore.
Nucléine du cerveau	2 gr. 1 p. 100.
— du lait	4 — 6 —
— du jaune d'œuf . .	5 — 19 —
— de levure.	6 — 2 —
— de la laitance . . .	9 — 6 —
— de spermatozoïde[1].	15 — 00 —
— de la glande thyroïde[2].	0 — 37 —
Lécithine du jaune d'œuf[3]. .	6 — 84 —

Le phosphore n'existe pas dans les lécithines sous la même forme que dans les nucléines ; il est attaché aux corps gras dans les lécithines ; c'est au moment de la saponification des corps

[1] Calculé sur une formule de Miescher.

[2] Morkotonne, Wratsch, n° 37, 1895.

[3] Calculé sur une formule de Strecker.

gras que le phosphore s'oxyde et s'empare du radical glycérique pour remplacer un équivalent d'eau d'hydratation ; tous ces changements moléculaires nous paraissent hypothétiques et irréalisables parce que nous oublions la notion du ferment, les qualités dissociantes de l'eau, l'énergie latente que la dilution communique aux substances dissoutes, la continuité de l'action chimique.

Je pourrais vous dire du phosphore ce que je vous disais du soufre dans la dernière leçon : le phosphore des tissus n'est pas le phosphore des aliments, pas plus qu'il n'est le phosphore des phosphoglycérates médicamenteux dont l'usage est devenu presque général ; les glycérophosphates sont déjà des déchets dans l'organisme.

Les aliments, les nucléines, les lécithines, les glycérophosphates sont pour notre corps des sources de phosphore que certains plastides s'incorporent lorsqu'il a déjà subi de nombreuses réductions et oxydations, qu'ils rejettent sous forme de combinaisons oxygénées, ayant abandonné la molécule organique.

Le phosphore est un des aliments primordiaux de la vie végétative, vous le savez, mais participe-t-il aux actions de la vie de relation ? Rend-il, par le travail musculaire, cette énergie latente dont je vous parlais tout à l'heure? Fort peu; presque pas; en voilà la preuve.

Les mêmes animaux qui ont servi à doser le soufre dépensé pendant le repos et pendant le travail ont servi également à doser les dépenses en phosphore dont je vais vous parler et les dépenses en chlore dont je vous parlerai tout à l'heure.

CHEVAL N° 1

Cheval au repos :

	Acide phosphorique.
Novembre 1880	2 gr. 658
Janvier 1881	4 — 463

Cheval à la marche :

Février 1881	3 — 701

Cheval au travail :

Décembre 1880	3 — 141

CHEVAL N° 2

Cheval au repos :

	Acide phosphorique.
Novembre 1880	1 gr. 095
Février 1881	3 — 981

Cheval à la marche :

Décembre 1880	2 — 934

Cheval au travail :

Janvier 1881	2 — 860

CHEVAL N° 3

Cheval au repos :

	Acide phosphorique.
Novembre 1880.	1 gr. 394
Décembre 1880	3 — 428

Cheval à la marche :

Janvier 1881	2 — 587

Cheval au travail :

Février 1881	3 — 424

La moyenne de l'acide phosphorique urinaire des trois chevaux est :

	Acide phosphorique.
Au repos.	2 gr. 836
A la marche	3 — 074
Au travail	3 — 1416

	Acide phosphorique.
La différence de l'acide phosphorique du repos à l'acide phosphorique de la marche est de	0 gr. 238
La différence de l'acide phosphorique de la marche au travail est de.	0 — 0676
La différence de l'acide phosphorique du repos à l'acide phosphorique du travail est de.	0 — 3056

La lecture de ces nombres vous enseigne que le phosphore n'est pas oxydé par le travail musculaire chez le cheval, contrairement au soufre, dont l'oxydation varie du simple au double, du repos au travail.

Je sais que l'on peut faire à ces expériences plusieurs objections d'inégale importance ; la principale est la suivante :

Les herbivores, le cheval, me direz-vous, éliminent leurs phosphates par l'intestin et non point par le rein ; vous ne pouvez donc pas décider de l'usure du phosphore par le dosage de l'acide phosphorique dans les urines du cheval.

L'expérimentation nous démontre que, quand un corps qui s'élimine exclusivement par l'intestin, se trouve en excès dans la circulation, ce corps s'élimine par les reins jusqu'au moment où l'équilibre se rétablit entre le rein et l'intestin, jusqu'au moment où l'intestin suffit à l'élimination ; il est donc probable que, pour un corps dont l'élimination est constante par les urines chez les herbivores, quoi qu'en ait dit Boussingault, s'il y en avait excès dans le sang par surcroît de travail, ce corps s'éliminerait en plus grande quantité par les reins, voie naturelle de son élimination partielle. La vérité est que le phosphore est peu touché par le travail musculaire, parce que le phosphore, l'une des assises sur lesquelles s'appuie la vie végétative, est soustrait aux actions de la vie de relation ; d'ailleurs sa vie chimique est relativement passive ; c'est un corps combustible, tandis que pour le plus grand nombre des corps le soufre est un comburant ; c'est un autre oxygène.

Je vous ai déjà avertis que si je commençais ce cours par l'étude, fastidieuse pour vous, des propriétés physiques et chimiques les plus essentielles des métaux, c'était parce que les matériaux incombustibles, les minéraux, conservaient dans la vie leurs qualités propres et que les ferments intervenaient seulement pour vaincre les grandes résistances domptées dans la nature par l'extrême puissance de forces que ne pourrait point supporter la fragilité de la cellule vivante ; les ferments sont faits encore pour adoucir la brutalité des réactions chimiques dont la chaleur carboniserait la matière animale.

Le phosphore, avide d'oxygène à l'état d'élément, énergiquement avide d'eau à l'état de combinaison oxygénée, abandonne facilement l'eau pour un métal, principalement pour le calcium et le magnésium.

Dans ces conditions, le phosphore organique suffit, en tant qu'élément, à ses besoins de transformation, par ses propres qualités.

Les phosphures métalliques produisent, en général, un phosphate par oxydation. Les phosphures métalliques sont décomposés par l'eau et produisent du phosphure d'hydrogène et un hypophosphite.

Les phosphures d'hydrogène sont facilement dissociés par la chaleur et l'électricité, et l'un de ces phosphures, le phosphure le plus hydrogéné $Ph.H^3$, possède des propriétés alcalines qui le rapprochent de l'ammoniaque AzH^3 ; comme l'ammoniaque, le phosphure gazeux et l'acide chlorhydrique se combinent à volumes égaux, cristallisent en cristaux de même forme et de même composition que les cristaux du chlorhydrate d'ammoniaque, dans lesquels AzH^3 est remplacé par PhH^3 ; le phosphore est ainsi une sorte d'azote minéral aussi indispensable à la vie que l'azote ordinaire ; l'ammoniaque fournit à la vie son azote ; le phosphure d'hydrogène son phosphore. Autre trait de ressemblance, le phosphore forme avec le magnésium un phosphure qui n'est pas sans avoir quelques analogies avec l'azoture du même métal.

Le phosphore peut encore, en réagissant sur certains chlorures [1], les chlorures de fer, par exemple, s'emparer du métal et former des phosphures qui seront transformés comme les phosphures métalliques en général, en hydrogène

[1] A. Granger. *Sur l'action du phosphore sur quelques chlorures métalliques.* Comptes rendus, t. CXXII, p. 1484.

phosphoré et en acide hypophosphoreux. Il est présumable que les oxydations du phosphore, pas plus que celles de l'azote, ne se produisent pas d'un seul coup ; le ferment nitreux prépare le travail du ferment nitrique. Aussi croyons-nous pouvoir admettre que le phosphore introduit dans l'organisme, sous quelque forme que ce soit, est réduit et concourt, à l'état d'élément, à la composition de la molécule organique et à la suite de la déchéance de la molécule organique il quitte l'économie sous la forme de corps oyygénés, comme il y était entré, sans participer aux actes proprement dits de la vie de relation.

CHLORE

Le chlore est un gaz jaune verdâtre qui tire son nom de sa couleur, χλωρος, en grec.

Le chlore ne se rencontre pas à l'état libre dans la nature où il existe en abondance sous forme de chlorure.

	Chlore.
L'Océan contient, combiné au sodium, au potassium, au magnésium et au calcium.	18 gr. 0/00.
La Méditerranée.	21 — 29 —
La mer Morte.	157 — 56 —

Scheele a découvert le chlore en 1774. Le chlore a une odeur forte, suffocante ; il a une densité de

2.44; il est impropre à la combustion et à la respiration.

Un volume d'eau dissout deux volumes de chlore à 25°, trois volumes à 8°; c'est à cette température que la solubilité du chlore atteint son maximum; à mesure que la température s'élève, la solubilité du chlore diminue et à mesure qu'elle s'abaisse également.

Le chlore se combine directement avec tous les corps simples, excepté avec l'oxygène, le carbone et l'azote; il est, après l'oxygène, le plus électro-négatif des corps simples. Le chlore a une grande affinité pour l'hydrogène.

Je vous ai parlé de l'action chimique de la lumière solaire sur la chlorophylle; le chlore va nous fournir un exemple éclatant, c'est le cas de le dire, de l'action chimique des rayons lumineux.

Le gaz chlore et le gaz hydrogène ne réagissent point l'un sur l'autre dans l'obscurité parfaite, à la température ordinaire; ils réagissent lentement, à la lumière diffuse; à la lumière directe du soleil ils réagissent en faisant explosion; la lumière électrique, la lumière du magnésium produisent le même effet. La combinaison des gaz qui se fait ainsi à volumes égaux est exothermique; elle dégage + 22 calories; c'est ce qui permet au chlore de décomposer les composés hydrogénés.

Le chlore décompose l'eau au contact des corps avides d'oxygène et devient ainsi un oxydant.

Le chlore se comporte diversement au contact de la matière organique; tantôt il prend une partie, tantôt la totalité de l'hydrogène, tantôt, au contact de l'eau, il oxyde la matière organique; mais là ne se borne pas son action; souvent le chlore prend la place de l'hydrogène dans les composés organiques; c'est ce que l'on appelle la substitution (J.-B. Dumas). Exemple : l'acide acétique perdant d'abord un atome, puis ses trois atomes d'hydrogène pour devenir un acide acétique mono et trichloré, sans rien perdre ni de ses propriétés générales ni de sa forme.

Nous venons de voir que le chlore se combinait à l'hydrogène; de cette combinaison il résulte un gaz incolore d'une densité de 1.247, fumant à l'air, irritant et corrosif; ce gaz et très soluble dans l'eau, qui peut en dissoudre à 0°,480 à 500 fois son volume.

La dissolution du gaz acide chlorhydrique dans l'eau se fait avec une si grande rapidité que lorsqu'on place sur l'eau une cloche remplie de ce gaz, l'eau se précipite dans la cloche avec une telle violence qu'elle peut la briser.

Les dissolutions les plus concentrées de gaz chlorhydrique que l'on trouve dans le commerce contiennent 40 p. 100 de leur poids d'acide anhydre.

L'acide chlorhydrique n'est ni comburant ni combustible. Les métaux réduisent l'acide chlorhydrique avec dégagement d'hydrogène et se combinent avec le chlore, ainsi que leurs oxydes, pour former des sels que Berzelius a appelés sels *haloïdes*. Nous avons étudié les sels haloïdes avec les métaux.

L'acide chlorhydrique est l'agent minéral actif du ferment pepsine; nous l'étudierons l'année prochaine, à ce point de vue, avec tout le soin désirable, mais laissez-moi de suite vous faire comprendre par l'exemple de la digestion stomacale ce que je vous disais tout à l'heure à propos du rôle des ferments comme tempérants de la violence des réactions chimiques.

Il n'y a pas à le contester, la réaction du gaz chlore sur le gaz hydrogène dégage + 22 calories à l'état gazeux, et + 39,3 calories à l'état dissous, état sous lequel nous sommes obligés de le considérer dans le milieu où il se forme et sous la même pression, soit + 39,3 calories — 22 calories = 17,3 calories représentant la chaleur de dissolution de l'acide chlorhydrique, c'est-à-dire une chaleur capable de porter de 0° à 1° plus de dix-sept kilogrammes d'eau.

Nous avons appris que les chlorures, le chlorure de sodium pour mieux dire, formait le milieu intérieur, le milieu humoral des animaux et de l'homme, tandis que le chlorure de potassium était l'un des milieux intérieurs des plastides.

En échange continuel avec les différents sels de l'organisme sur lesquels il a l'influence de masse, le chlore, les chlorures doivent, semble-t-il, prendre une part active aux mouvements, à la translation, au travail musculaire; les expériences suivantes vont nous démontrer dans quelles proportions :

CHEVAL N° 1

Cheval au repos :

	Chlore.
Novembre 1880	7 gr. 065
Janvier 1881	8 — 929

Cheval à la marche :

Février 1881	7 — 901

Cheval au travail :

Décembre 1880	12 — 408

CHEVAL N° 2

Cheval au repos :

	Chlore.
Novembre 1880	5 gr. 973
Février 1881	7 — 182

Cheval à la marche :

Décembre 1880	10 — 300

Cheval au travail :

Janvier 1881	10 gr. 772

CHEVAL N° 3

Cheval au repos :

	Chlore.
Novembre 1880	7 gr. 998
Décembre 1880.	9 — 458

Cheval à la marche :

Janvier 1881.	10 — 449

Cheval au travail :

Février 1881.	10 — 547

Moyenne du chlore contenu dans les urines des trois chevaux :

	Chlore.
Au repos	7 gr. 767
A la marche.	9 — 550
Au travail.	11 — 2425

L'élimination du chlore par les urines chez le cheval est proportionnellement progressive du repos à la marche, de la marche au travail; le chlore éliminé augmente de 1 gr. 78 du repos à la marche, et de 1 gr. 69 de la marche au travail; du repos au travail l'élimination du chlore monte de 3 gr. 5755 dans les urines journalières, soit de 31,8 p. 100.

L'excès de chlore qui se rencontre dans les urines pendant le travail ne paraît pas en rapport avec l'activité des oxydations si nous en jugeons par l'oxydation du soufre qui concourt d'ailleurs avec les autres minéraux de l'organisme à maintenir à peu près au même niveau le chlore des humeurs. A tout prendre, je crois qu'une partie excédente du chlore des urines est le résultat de forces physiques, telles que pression, tension, etc. Le chlore est comme le phosphore, mais à un degré moindre, à cause de sa qualité de milieu intérieur, un agent de la vie végétative que l'économie retient toujours avec un soin jaloux. Il est intéressant de constater qu'un agent d'oxydation aussi puissant que le chlore n'augmente pas en de plus grandes proportions dans les urines pendant le travail musculaire.

Cette division des métaux en métaux de la vie végétative et en métaux de la vie de relation que l'analyse expérimentale elle-même a établie, n'est pas une des circonstances les moins curieuses de nos études.

ONZIÈME LEÇON

FLUOR. — IODE. — ZINC. — CUIVRE
BORE. — LITHIUM. — RUBIDIUM. — CŒSIUM. — SILICIUM

Messieurs,

Le fluor est abondant dans la nature sous la forme de fluorure de calcium (spath fluor) ; il n'existe pas à l'état libre.

Le fluor a été isolé, il y a dix ans, par M. Moissan, par l'électrolyse de l'acide fluorhydrique anhydre, maintenu à l'aide d'un dispositif spécial, à une température de 25 à 50° au-dessous de zéro, par l'ébullition du chlorure de méthyle.

Le fluor est un gaz incolore, irritant ; ses affinités sont très vives ; les métalloïdes sont moins énergiquement attaqués que les métaux, les métaux sont moins énergiquement attaqués que les corps organiques par le fluor.

Le fluor est un gaz excessivement dangereux qui coûta la vie aux frères Knox pendant qu'ils essayaient de l'isoler ; il est très avide d'eau, mais il ne se combine qu'indirectement avec l'hydrogène pour former l'acide fluorhydrique, corps liquide à la température ordinaire, qui bout à + 19° en répandant une vapeur très corrosive. L'acide fluorhydrique est très dangereux ; il est employé dans l'industrie pour graver le verre qu'il attaque, aussi le prépare-t-on dans une cornue de plomb, en faisant agir l'acide sulfurique sur le fluorure de calcium. Le fluorure de calcium est très répandu dans la nature ; il est connu des minéralogistes sous le nom de *Fluorine*. La fluorine contient 48,72 de fluor et 51,28 p. 100 de calcium ; elle présente des couleurs variées qui ne sont pas dues à des oxydes métalliques ; elles proviennent, sans doute, de la variété des formes cristallines de la fluorine qui cristallise presque dans toutes les formes du système cubique à modifications holoédriques.

Les vases Murrhins, si célèbres dans l'antiquité, étaient faits avec de la fluorine.

On a signalé le fluor dans la tige des graminées, des équisétacées ; on l'a trouvé dans les os, les dents, le cerveau, le sang, le lait.

Fluor contenu dans 100 parties de cendres d'os :

	Fluor.
Homme	1 gr. 183
Bœuf	1 — 095
Mouton (Heintz).	1 — 96

Tortue (Zalesky)	0 gr. 20
Fémur humain sec	3 — 443
Diaphyse humérale de l'ursus spœleus (A. Gautier). . . .	1 — 09

Fluor dans 100 parties de :

	Fluor.
Œuf de poule[1]	0 gr. 001
Cervelle de veau	0 — 0007
Lait	0 — 0003

La plupart des analyses montrent que la composition des os n'a pas beaucoup varié dans les diverses périodes géologiques. Les os fossiles offrent une résistance remarquable à la putréfaction ; l'osséine y est contenue en proportion notable et est encore apte à se transformer en gélatine par la coction (Wurtz).

En général, les os fossiles ne sont pas plus riches en fluor que les os contemporains. L'analyse de la diaphyse humérale de l'ours des cavernes a fourni 0,15 p. 100 d'oxyde de zinc (A. Gautier).

La présence du fluor est constante dans les os, assez fréquente dans les urines où il est difficile à caractériser ; je n'ai jamais pu faire de dosage de fluor dans les urines de vingt-quatre heures.

Quel est le rôle du fluor dans l'organisme? Il m'est impossible de vous le préciser ; sa présence

[1] G. Tammann. *Zeitschrift für phy. chem.*, t. XII, 1888.

constante dans plusieurs parties du corps atteste qu'il est nécessaire au développement et à l'entretien de la vie ; nous devons aussi retenir cette observation : la matière organique des os est en partie conservée dans les os fossiles ; cette conservation ne serait-elle pas due au fluor, au fluorure de calcium ? Le chlore se rencontre dans les os à côté du fluor ; leur contact ne semble-t-il pas indiquer qu'il se fait des échanges de l'un à l'autre, le chlorure de calcium étant soluble et le fluorure de calcium étant insoluble ? De manière que l'on pourrait considérer le fluor insoluble des os comme la dernière chute du fluor, comparable d'ailleurs à celle des phosphates calciques, à travers l'économie. Sa proportion relativement élevée dans la constitution minérale des os fait du fluor du tissu osseux, une réserve minérale naturelle de ce métal.

Le fluor est un antizymotique puissant (Chevy). Mais quels sont les ferments que le fluor actionne, quels sont les ferments dont il arrête le mouvement ? C'est ce que nous essaierons de déterminer en étudiant une à une les actions des métaux sur les divers ferments.

IODE

L'iode a été découvert en 1811 par Courtois et étudié par Guy-Lussac ; il est très répandu dans la nature ; il existe à l'état d'iodure d'argent dans les minerais argentifères du Mexique et du Chili ; à l'état d'iodures alcalins dans les eaux de la mer, dans les plantes marines, les fucus notamment, dans certaines eaux minérales du Piémont et du Valais ; l'eau de Saxon contient de l'iode libre. M. Chatin père a trouvé de l'iode dans l'air, dans l'eau de pluie, dans les eaux douces et dans les plantes d'eau douce. On extrait l'iode des varechs et des nitrates de soude du Chili où il existe à l'état d'iodate.

L'iode a l'éclat métallique ; il est gris ; il cristallise en lamelles rhomboïdales par sublimation ; ses vapeurs sont violettes, piquantes. L'iode est soluble dans l'alcool, l'éther, le sulfure de carbone, dans l'acide iodhydrique, dans les iodures alcalins ; les solutions éthérées d'iode sont jaunes ; les solutions dans le sulfure de carbone sont violettes. L'iode est à peine soluble dans l'eau qui en dissout 0,007 de son poids, à la température ordinaire. L'iode attaque les substances organiques en s'emparant de leur hydrogène ; il se comporte, dans les réactions chimiques, comme le chlore, mais ses affinités sont plus faibles.

L'iode jouit de propriétés antizymotiques très marquées.

Il existe dans la glande thyroïde de l'homme et

des animaux, tout au moins, une albuminoïde particulière qui se comporte comme une diastase et qui contient jusqu'à 10 p. 100 d'iode ; l'iode est combiné dans cette substance à l'état métallique; c'est une combinaison organique iodée, albumino-iodée ; nous vous entretiendrons dans la suite des dédoublements produits par ce ferment dont l'action est subordonnée à la présence de l'iode ; cette diastase est contenue dans le corps thyroïde en petite proportion et il faut épuiser de grandes masses de glandes thyroïdes pour en obtenir une minime quantité.

ZINC

Paracelse paraît être le premier chimiste qui ait reconnu le zinc comme un métal particulier. L'usage du zinc est fort ancien. Les Chinois, les Egyptiens, faisaient entrer le zinc dans la composition de l'airain ; on a trouvé des bracelets creux remplis de zinc dans les ruines de Cameos ; or, Cameos fut détruite 500 ans avant notre ère.

Le zinc a une affinité marquée pour l'oxygène ; sous l'influence de la chaleur, la potasse, la soude, l'ammoniaque hydratées, dissolvent le zinc en dégageant de l'hydrogène. Le zinc précipite de leurs solutions un grand nombre de métaux, principalement le cuivre.

Le zinc n'existe pas à l'état de pureté dans la nature, mais ses composés sont nombreux et répandus ; les seuls utilisés par l'industrie sont la *Blende* (sulfure de zinc) et la *calamine*, mélange de carbonate et de silicate de zinc.

Les plantes sont moins difficiles que l'industrie ; elles prennent le zinc sur tous les terrains et sous toutes les formes ; il y en a une, entre autres la *viola calaminaria*, dont le nom indique l'habitat, qui se complaît particulièrement dans les terrains riches en zinc ; les cendres de cette plante contiennent de 9 à 16 p. 100 de zinc. Vous n'avez pas oublié l'inclination de l'aspergillus niger pour le zinc ; les haricots, le blé, le maïs, l'orge contiennent également de petites doses de zinc.

Un œuf de poule contient, en moyenne 0,00086 de zinc ; vous comprenez pourquoi je dis en moyenne ; la quantité de zinc répandue dans l'œuf est tellement petite qu'il faut agir sur une douzaine d'œufs au moins, pour avoir une quantité dosable de zinc ; la chair de bœuf contient 0,026 p. 100 de zinc[1].

Je n'ai pas besoin de vous rappeler les quantités infinitésimales de zinc, mais cependant indispensables à son existence, qu'emploie l'aspergillus

[1] G. Lechartier et Bellamy. *Sur la présence du zinc dans le corps des animaux et dans les végétaux.* — F. Raoult et H. Buton. *Sur la présence ordinaire du cuivre et du zinc dans le corps de l'homme.* Comptes rendus, t. LXXX.

niger ; l'aspergillus niger puise son zinc dans une solution au $\frac{1}{50\,000}$; le poussin puise son zinc dans une masse où il est disséminé à la dose de $\frac{1}{660\,000}$.

La quantité élevée (0,12 p. 100 de cendres) de zinc rencontrée par A. Gautier dans les os fossiles de l'ours des cavernes témoigne-t-elle d'une modalité particulière de la vie chez l'*ursus spœleus* à l'époque subapennine ? Je le croirais volontiers, car je ne sache pas que pareille quantité de zinc ait été retrouvée dans les os d'aucun animal, à notre époque. La vigueur de l'ours des cavernes, son ossature puissante semblent indiquer une vitalité d'une grande énergie à la manifestation de laquelle le zinc ne restait peut-être pas étranger. A moins que l'on ne suppose que les os se soient imprégnés de zinc, d'alumine et de fer par la suite des temps ; je ne parle pas de la silice qui se rencontre dans tous les tissus ; mais il me paraît plus vraisemblable que le zinc et le fer faisaient partie intégrante de la charpente osseuse comme le fluor, à cette époque, et encore actuellement.

CUIVRE

Le mot cuivre, *cuprum*, vient sans doute du mot grec Κυπρος, Chypre ; l'île de Chypre fournissait un cuivre fort estimé.

Le cuivre, comme le fer, est lié à l'histoire de l'humanité; le cuivre est le métal dominant de l'âge du bronze.

Le cuivre est assez répandu dans la nature, principalement à l'état d'oxyde et de sulfure.

Le cuivre occupe le premier rang parmi les bons conducteurs de l'électricité et le troisième rang parmi les conducteurs de la chaleur. Le cuivre, comme le fer, comme le zinc, se recouvre à l'air humide d'une couche mince de rouille, c'est-à-dire, de carbonate hydraté et d'oxydes. Le cuivre éprouverait, d'après M. Schützenberger, trois modifications allotropiques. Le réactif de Schweitz qui dissout la cellulose est une solution d'oxyde de cuivre dans l'ammoniaque. Les sels de cuivre sont légèrement antiseptiques.

Le cuivre se rencontre en petites quantités dans le sang et la bile de l'homme; la bile paraît être le milieu d'excrétion du cuivre.

Le cuivre existe à l'état *normal* dans l'essence verte de *cajeput*, essence que l'on retire d'une myrtacée, le *Melaleuca cajeput*.

Le cuivre existe dans le trèfle, le chêne, le tilleul, le platane, l'oranger, le pin, le hêtre, etc.

Cuivre p. 100 dans :

Pellicules de cacao (Duclaux).	0 gr. 225
Amandes de cacao.	0 — 010

Orge.	0 gr. 011
Haricots Soisson	0 — 011
Café	0 — 010
Avoine	0 — 0084
Blé	0 — 008
Lentilles	0 — 0068
Riz	0 — 006

Le sang des écrevisses, des escargots, des sèches, des poulpes, contient du cuivre; le sang du limulus cyclops contient 0 gr. 297 p. 100 de cuivre.

Le cuivre existe en abondance dans les plumes du Touraco, oiseau du cap de Bonne-Espérance, remarquable par les caractères brillants, pourprés de ses plumes. Mais le rôle le plus intéressant du cuivre est celui qu'il joue dans le sang de certains octopodes.

Le sang veineux des poulpes est blanc, à peine bleuâtre ; exposé à l'air il devient bleu de mer. La substance albuminoïde qui bleuit ainsi au contact de l'air est une substance albuminoïde qui a chez le poulpe les mêmes fonctions que l'hémoglobine chez les vertébrés ; comme l'hémoglobine, l'*hémocyanine*, c'est le nom que l'on donne à cette substance colorante, comme l'hémoglobine, l'hémocyanine se charge d'oxygène dans les organes respiratoires et le sang artériel devient bleu foncé; le sang artériel abandonne son oxygène au sein des tissus du poulpe et le sang veineux revient absolument incolore.

L'hémocyanine a été découverte par Fredericq[1]. Il est facile d'isoler l'hémocyanine, dit Fredericq (p. 997). Comme c'est la seule substance colloïde que contienne le sang du poulpe (octopus vulgaris), il suffit de soumettre le plasma de ce sang à une dialyse énergique pendant trois à quatre jours, de façon à éliminer complètement les sels et les autres substances diffusibles. On filtre le liquide, on l'évapore à une basse température pour obtenir une substance bleue, brillante, offrant l'aspect de la gélatine. Le cuivre paraît y être dans le même état que le fer dans l'hémoglobine et y jouer un rôle analogue. L'hémoglobine est susceptible, comme on sait, de se décomposer en hématine ferrifère et substance albuminoïde coagulée ne contenant pas de fer; l'hémocyanine présente la même réaction. Sa solution traitée par l'acide chlorhydrique ou nitrique donne un coagulum de substance albuminoïde qui ne laisse pas de cuivre à la calcination. Le liquide filtré et évaporé fournit un résidu renfermant des cristaux prismatiques et laissant de l'oxyde de cuivre à la calcination. Le cuivre est si abondant dans l'hémocyanine qu'un simple essai au chalumeau permet d'y constater sa présence.

[1] Fredericq. Comptes rendus, t. LXXXVII, p. 996.

A notre point de vue, la description que je viens de vous faire, d'après l'inventeur même de l'hémocyanine, a une grande importance. D'abord, elle précise d'une manière remarquablement claire le rôle de l'oxygène ; le sang artériel s'en va bleu des branchies du poulpe et s'en revient absolument blanc ; le sang bleu est oxygéné ; le sang blanc n'est plus oxygéné ; c'est aussi clair que la plus claire des réactions chimiques.

Quel est le rôle de l'hémoglobine ? Le rôle de l'hémoglobine consiste à prendre l'oxygène de l'air et à le porter dans les tissus, à s'en retourner chargée d'acide carbonique ; le fer, le manganèse ne possèdent pas seuls la propriété de véhiculer l'oxygène ; ils ne sont pas les seuls *métaux respiratoires ;* le cuivre aussi et d'autres encore sont des métaux respiratoires. Pourquoi ? Parce que le ferment qui se charge d'oxygène n'est pas le même chez l'homme que chez le poulpe et sans prendre des termes de comparaison aussi éloignés l'un de l'autre dans la série animale, parce que la respiration, le transport de l'oxygène se fait d'une espèce à l'autre par des albuminoïdes différentes, par des ferments différents, utilisant le fer, le manganèse ou le cuivre selon l'aptitude propre à chaque espèce ; ainsi :

Mille parties de sang contiennent :

	Hémoglobine.	Fer.
Homme	126	0 gr. 537
Bœuf.	126	0 — 547
Mouton	112	0 — 470
Canard	91	0 — 343
Grenouille.	28	0 — 425

Le sang de grenouille est plus riche en fer que tous les autres de ce tableau ; comme conclusion téléologique, nous pouvons dire que c'est aux globules rouges de la grenouille que nous devrons nous adresser pour obtenir sous le moindre volume de substance le plus grand poids possible de ferment oxydant.

BORE

L'analyse a révélé dans les cendres des végétaux le *bore*. Le bore a été découvert par Gay-Lussac et Thenard en 1808. Le bore occupe une place à part parmi les métaux.

Le bore se présente sous la forme d'une poudre amorphe, verdâtre, infusible ; il brûle à une température peu élevée en produisant de l'*acide borique*, la seule combinaison oxygénée du bore; l'acide borique a été découvert en 1702 par Homberg.

Le bore n'est pas très répandu dans la nature où il existe sous forme de borates principalement. On trouve le borate de soude (borax tinkal) dans certains lacs des Indes. L'eau de la mer contient du borate de magnésie ; on rencontre également le borate de magnésie (boracite) cristallisé en cubes remarquables par leur défaut de symétrie, dans le gypse de Lunebourg et de Sageberg.

Le sous-sol de la Toscane est constitué par des couches de borate et de chlorure de magnésium dont la réaction met en liberté l'acide borique hydraté (Sossoline) que l'on rencontre dans les gaz *Suffioni*.

Le bore traverse l'organisme humain sans s'arrêter nulle part ; il ne paraît pas en être de même chez les végétaux dont le bore serait partie constituante, pour d'aucuns au moins.

Voici les conclusions d'un travail de M. Jay[1] : *Sur la dispersion de l'acide borique dans la nature.*

En ce qui concerne les végétaux :

1° Les cendres des fruits, chair ou noyaux, sont riches en acide borique ; sa proportion oscille de 1 gr. 50 à 6 gr. 40 au kilogramme de cendres.

2° Il en est de même des varechs, des feuilles de platane, des sommités d'absinthe, des fleurs de chrysanthème et des oignons comestibles.

L'acide borique varie de 2 gr. 10 à 4 gr. 60 par kilogramme de cendres.

[1] Comptes rendus, t. CXXI, p. 896.

3° Les végétaux qui absorbent le moins facilement cet acide sont les graminées (blé, orge, riz, seigle), les champignons de couche et le cresson.

La quantité trouvée dans les cendres de ces substances ne dépasse par 0 gr. 500 au kilogramme.

En ce qui concerne les animaux :

De l'ensemble de ces documents il résulte :

1°

2°

3° Que l'acide borique introduit à très petites doses dans l'estomac des animaux n'est pas assimilé et qu'il est rejeté avec les urines et autres déjections.

Le baryum, le plomb, l'argent, d'une grande rareté dans les cendres des animaux, me paraissent se trouver accidentellement dans l'organisme. Je ne veux pas dire que quoique accidentels ces métaux soient inactifs ; loin de là ; nous savons combien est susceptible la vie de la cellule et si ces divers métaux ne sont pas utiles, ils peuvent être nuisibles, nous l'avons bien vu pour l'argent qui arrête la vie de l'aspergillus niger à une dose extraordinairement minime.

LITHIUM

Le lithium est assez répandu dans la nature à l'état de combinaison avec les acides et surtout avec l'acide silicique. Il forme avec l'oxygène une base, la *lithine*. Le lithium est le plus léger des métaux; les minéraux dont on puisse retirer le lithium sont assez rares. Les micas à base de lithine (lépidolithe) forment, en Bohême, des montagnes entières d'où l'on peut extraire le lithium; on extrait encore le lithium de la *triphyline*, phosphate multiple de fer, de manganèse et de lithine; la triphyline contient 8 p. 100 de lithine. La lithine se rencontre fréquemment dans les eaux minérales et les cendres des végétaux. La lithine est répandue en si petite quantité que le plus souvent l'analyse spectrale seule peut en déceler la présence. Les expériences sont toutes confirmatives de son action physiologique; la lithine ne peut remplacer ni la potasse ni la soude chez les végétaux pour lesquels elle est délétère, excepté pour les tabacs dans les cendres desquels Grandeau en a trouvé en toutes circonstances; la constance avec laquelle la lithine se rencontre dans les tabacs de toute provenance paraît indiquer une spécialisation de la lithine, spécialisation qui ne vous étonnera plus, vous qui avez déjà appris que chaque métal avait sa spécialité dans la vie, spécialité que nous commençons à dégager des obscurités qui masquaient ses manifestations. La toxicité des sels de lithine semble moins grande pour les animaux et pour l'homme que pour les plantes. Quant aux considérations expérimentales et techniques sur lesquelles on a voulu baser l'action des sels de lithium dans l'uraturie, je ne saurais les discuter ici, mais je les crois erronées ; c'est en étudiant l'action de la lithine sur les actes vitaux de la nicotiane que nous apprendrons à connaître l'action physiologique de la lithine, d'autant mieux que si la potasse améliore les qualités de la feuille du tabac [1], à l'encontre de la chaux, elle influe peu sur le poids de la récolte.

RUBIDIUM. CŒSIUM

Le rubidium a été découvert en 1860, en même temps que le cœsium par Bunsen et Kirchkoff. Le rubidium est un métal blanc, brillant, semblable à l'argent. Le rubidium et un autre métal, le cœsium, accompagnent presque toujours le lithium dans le monde minéral comme dans le monde organique ; le lépidolithe contient à la fois du lithium, du rubidium et du cœsium. L'analogie du cœsium avec le potassium est telle que l'analyse spectrale seule peut les distinguer. Les caractères propres du cœsium et du potassium se confondent. Les sels de cœsium sont isomorphes des sels de potassium correspondants. Le chlorure de potassium que l'on

[1] Th. Schlœsing. *Le Tabac*, 1868.

extrait des eaux de Bourbonne-les-Bains renferme des quantités notables de chlorure de rubidium et de cœsium. Le carbonate de cœsium est soluble dans l'alcool; le carbonate de rubidium est insoluble.

Les cendres de la betterave et du tabac renferment du rubidium. Grandeau a trouvé un gramme environ de rubidium par kilogramme de salin de betterave. Pour un métal aussi rare que le rubidium, sa présence dans la proportion d'un millième dans les cendres des betteraves indique une spécialisation que nous saurons mettre à profit lorsque nous étudierons les transformations en saccharose de la chlorophylle des feuilles de la betterave.

SILICIUM

Le silicium est très abondant; il a été isolé en 1823 par Berzelius; il existe trois variétés de silicium : le silicium amorphe, le silicium graphitoïde et le silicium cristallisé isolé par Deville et Wœhler en 1854. Le silicium forme avec l'oxygène trois oxydes; un seul de ces oxydes nous intéresse, c'est l'acide silicique ou silice. Comme le silicium, la silice existe sous trois formes différentes; elle est gélatineuse, amorphe ou cristallisée; la silice est insoluble et indécomposable par la chaleur. Les silicates constituent plus de la moitié des minéraux connus. Le silicate d'alumine hydraté, autrement dit l'argile, est le plus répandu des silicates; il entre dans la constitution de toutes les terres végétales. La silice se rencontre dans un grand nombre de tissus végétaux et animaux. La silice est un des éléments minéraux importants des plantes.

Il paraît résulter des expériences de M. V. Jodin[1] que les plantes qui absorbent beaucoup de silice absorbent moins de potasse et réciproquement; il y a dans ces expériences plus d'un aperçu sur la nutrition qui mérite d'être médité.

La silice existe dans les plantes sous deux états : à l'état de combinaison organique stable et à l'état de combinaison peu stable.

La silice s'accumule dans les feuilles des arbres à mesure qu'elles vieillissent. Si l'on compare la teneur en silice de la feuille à son apparition et à la fin de son évolution, on trouve dans 100 parties de cendres de feuilles de hêtre par exemple :

	Silice.
Mai	1 gr. 19
Novembre	24 — 37

Cette ascension de la silice est exactement inverse de l'ascension de l'acide phosphorique et de la po-

[1] *Ann. agronom.*, t. IX.

tasse qui décroissent presque terme pour terme avec la silice qui augmente.

	Mai.	Novembre.
Silice	1 gr. 19	24 gr. 37
Potasse.	29 — 95	0 — 99
Acide phosphorique.	24 — 21	1 — 95

On rencontre la silice dans le sang, dans l'œuf, dans l'épiderme, dans les cheveux, dans les ongles, dans les plumes, dans les os, dans les carapaces des crustacés, dans la bile, dans les urines; j'ai aussi rencontré la silice dans le cerveau du bœuf et du mouton. La présence de la silice dans les centres nerveux ne nous semblera pas extraordinaire, si nous voulons bien nous rappeler que le système nerveux et les téguments ont la même origine blastodermique; ils naissent du feuillet externe de l'ectoderme.

La teneur en silice des cheveux de différentes couleurs est, pour cent de cendres, d'après Baudrimont, la suivante :

CHEVEUX

	Noirs.	Rouges.	Blonds.	Blancs.
Silice.	6 gr. 61	42 gr. 46	30 gr. 71	12 gr. 31

Les substances épidermiques chez les végétaux et chez les animaux sont les substances qui retiennent de préférence la silice.

DOUZIÈME LEÇON

CARBONE. — AZOTE. — ARGON

Messieurs,

Le carbone se présente sous des aspects fort différents, modifications allotropiques de ce corps simple. Les différentes formes du carbone possèdent des propriétés communes qui servent à le caractériser; tels sont la fixité, l'état solide, l'infusibilité et la non-volatilité à la température ordinaire de nos fourneaux. Un grand nombre de métaux dissolvent le carbone (Moissan); il se forme des carbures. Le carbone sous tous ses aspects est combustible; il donne, en brûlant, soit de l'acide carbonique, soit de l'oxyde de carbone, suivant la quantité d'oxygène en présence; 6 grammes de carbone pur produisent 22 grammes d'acide carbonique, soit 14 lit. 3 de gaz carbonique à la pression ordinaire.

Le carbone est un puissant réducteur des corps oxygénés. Le carbone se combine avec l'hydrogène et avec l'oxygène. Les composés hydrogénés du carbone ou carbures d'hydrogène ou hydrocarbures sont l'expression la plus simple des composés organiques, l'origine de tous les composés organiques.

Les composés oxygénés du carbone sont au nombre de deux : l'oxyde de carbone et l'acide carbonique; l'acide oxalique peut être considéré comme un composé oxygéné du carbone hydraté. L'oxyde de carbone dégage 14.4 calories, l'acide carbonique dégage 48.5 calories pendant sa formation; c'est dire que l'oxyde de carbone est moins stable que l'acide carbonique et qu'il se suroxydera facilement; il est par cela même fortement réducteur; il réduit directement les oxydes métalliques dont la chaleur de formation est inférieure à la chaleur qu'il dégage en se combinant avec l'oxygène; c'est l'oxyde de carbone qui est le véritable réducteur dans la métallurgie du fer; il se dissout dans une dissolution ammoniacale de sous-chlorure de cuivre; la dissolution saturée perd ce gaz par la chaleur. Chauffé avec de la potasse caustique à 100°, l'oxyde de carbone produit du formiate de potasse (Berthelot). C'est le premier exemple de synthèse d'un corps organique, c'est-à-dire la première transition voulue de la matière minérale à la matière organique.

L'oxyde de carbone est un gaz incolore, inodore, insipide, insoluble dans l'eau, d'une densité de 0,967, qui n'existe pas dans la nature; il a été découvert par Priestley. L'oxyde de carbone est éminemment délétère.

L'oxyde de carbone forme avec l'hémoglobine une combinaison plus stable que l'oxyhémoglobine; c'est l'hémoglobine oxycarbonée, isomorphe de l'oxyhémoglobine; un autre corps dont nous nous occuperons plus loin, le bioxyde d'azote, forme une combinaison analogue.

L'acide carbonique a été isolé par Van Helmont en 1648. L'acide carbonique existe à l'état libre dans l'atmosphère avec des quantités infinitésimales d'oxyde de carbone. C'est des oxydes de carbone de l'atmosphère que les plantes retirent le carbone nécessaire à leur développement.

La principale source de l'acide carbonique atmosphérique réside dans la terre et l'eau de la mer; l'acide carbonique est chassé de ses combinaisons terrestres par l'acide silicique, et l'excès d'acide carbonique produit forme avec la chaux et la magnésie des bicarbonates dont la tension de dissociation est suffisante à la température ordinaire pour dégager de l'acide carbonique et précipiter les bases terreuses. Le bicarbonate de chaux et de magnésie, dissous dans les eaux de la mer, maintient dans l'atmosphère des proportions constantes d'acide carbonique dégagé par la tension de dissociation du carbonate terreux.

L'acide carbonique est un gaz incolore, ayant une saveur légèrement acide; il produit sur les muqueuses un léger picotement; il est plus lourd que l'air; sa densité égale = 1,522. L'acide carbonique existe à l'état solide, à l'état liquide et à l'état gazeux. Le gaz acide carbonique, anhydride carbonique, est le plus diffusible des gaz. En prenant pour unité le potentiel de diffusion de l'azote = 1, on peut voir que le potentiel de diffusion de l'acide carbonique à travers les membranes colloïdales est égal à 15,6; celui de l'air = 1,15; celui de l'oxygène = 2,56 et celui de l'hydrogène que nous avons vu être le plus diffusible des gaz simples = 5,5.

La solubilité de l'acide carbonique dans l'eau obéit aux lois de la solubilité des gaz; à + 15° l'eau dissout environ son volume d'acide carbonique.

L'acide carbonique forme avec les bases des sels très répandus chez les végétaux et chez les animaux. L'acide carbonique que l'on rencontre dans les tissus provient de l'oxydation de la matière organique.

L'oxydation de la matière organique est hors de toute contestation : qu'elle soit indirecte comme je le pense, et, comme je le crois, d'une manière différemment indirecte qu'on ne le suppose généralement, l'oxydation est indéniable et l'acide carbonique est un des résultats ultimes de cette oxydation.

Voyez combien le carbone rentre dans le tourbillon de la nutrition comme y entrent les autres corps, ainsi que je vous l'ai souvent exposé. L'acide carbonique de l'air est réduit, réduit au contact de la matière minérale, au contact de la magnésie ; il forme des hydrocarbures, puis de l'acide carbonique dont la combinaison avec les bases alcalines, notamment, augmente les qualités physiques de la matière protéique, et, enfin il quitte l'organisme pour la plus grande partie tel qu'il était à son entrée, sous forme de gaz carbonique, prêt à recommencer les mêmes réductions, les mêmes synthèses, prêt à parcourir le cycle sans fin de la vie, je dis sans fin parce que la vie est essentiellement allotropique ; elle change de figure, mais elle ne s'arrête jamais. Il en est des autres éléments minéraux comme du carbone : ils sortent presque toujours de l'organisme dans la même forme qu'ils avaient à leur entrée après avoir été réduits, hydratés et oxydés, c'est-à-dire après avoir excité, sous leurs combinaisons diverses, la matière proteique à ses divers moments de transformation.

AZOTE

L'azote ainsi appelé par Lavoisier (de α privatif et de ζωή, vie) a été découvert par Rutherford en

1772. L'azote entre dans la constitution d'un grand nombre de substances organiques végétales et animales. L'azote se rencontre à l'état libre dans la nature; il n'entretient pas ni la combustion ni la respiration, mais il n'est pas délétère. C'est un gaz incolore, inodore, insipide, plus léger que l'air. (Densité = 0,971.) L'eau ne dissout que 0,016 de son volume d'azote. On retire l'azote de l'air atmosphérique dans la composition duquel il entre pour les quatre cinquièmes environ. L'azote ne se combine directement avec aucun corps à la température ordinaire. Cependant M. H. Deslandres[1] a constaté une absorption lente d'azote, à froid, par le lithium, absorption analogue à l'absorption lente, à froid, de l'oxygène par le phosphore.

Le magnésium, le bore, le tantale et le tungstène s'unissent directement à l'azote quand on les chauffe dans un courant de ce gaz.

Malgré la grande faiblesse de ses affinités, l'azote forme des composés oxygénés et hydrogénés qui nous retiendront quelques instants à cause de leur valeur vitalisante. Il existe un seul composé hydrogéné de l'azote, l'*ammoniaque* ou *alcali volatil*[2].

[1] H. Deslandres. *Absorption de l'azote par le lithium à froid.* Comptes rendus, t. CXXI, p. 886.

[2] Le mot ammoniaque vient de *Ammon*, dieu égyptien représenté avec des cornes de bélier. Les Grecs avaient rattaché ce

L'ammoniaque est un gaz incolore, d'une densité de 0,591 ; elle est douée d'une odeur vive et pénétrante caractéristique ; elle fut isolée par Priestley.

L'ammoniaque se rencontre dans l'air, dans les eaux naturelles, dans le sol, dans les émanations volcaniques. L'ammoniaque prend naissance lorsque les matières organiques azotées se décomposent spontanément ; lorsqu'on les soumet à l'influence de la chaleur, lorsqu'on les chauffe avec de la potasse hydratée ou un autre alcali ; lorsque l'on fait agir l'acide azotique sur certains métaux, pendant que le fer se recouvre de rouille. L'ammoniaque est très soluble dans l'eau de 0 à 70°. Elle est décomposable par la chaleur. L'ammoniaque se rencontre dans les urines, la sueur, le suc gastrique, l'air expiré ; sa présence dans les urines a été mise hors de doute par les expériences de Boussingault, Heintz et Neubauer. Un homme moyen élimine, en vingt-quatre heures, 0,70 d'ammoniaque par les urines, en combinaison sans doute avec les chlorures. On ne sait pas si l'ammoniaque des urines et du sang provient de la désassimilation des albuminoïdes ou de la résorption d'une minime quantité d'urée déversée dans l'intestin. Min-

dieu à leur mythologie et appliqué le mot Ammon à Jupiter. C'est près d'un temple de Jupiter Ammon, en Lybie, que l'on extrayait, dans les temps anciens, le *sel ammoniac*.

kowski[1] a trouvé de 50 à 60 p. 100 d'azote sous forme d'ammoniaque dans l'urine d'oies dont il avait extirpé le foie, tandis que l'urine des oies normales ne contient que de 9 à 18 p. 100 d'azote sous forme d'ammoniaque.

Parmi les composés oxygénés de l'azote, deux nous intéressent tout particulièrement : l'un, le bioxyde d'azote, parce qu'il peut former avec l'hémoglobine un corps isomorphe de l'oxyhémoglobine, l'hémoglobine bioxyazotée; l'autre, l'acide azotique, parce que, combiné à la potasse, il est la source de l'azote que les plantes transforment en matière protéique.

Le bioxyde d'azote a été découvert par Hale en 1772 ; c'est un gaz incolore se transformant rapidement, au contact de l'air, en acide hypoazotique ; sa densité = 1,039 ; sa formation absorbe plus de chaleur qu'aucun autre composé oxygéné de l'azote ; il se combinera donc facilement et directement avec l'oxygène, cette combinaison étant exothermique ; le bioxyde d'azote est tout à la fois un corps réducteur et un corps oxydant ; il est absorbé en grande quantité par les solutions de sels ferreux qui deviennent brunes. La dissolution saturée laisse dégager le bioxyde d'azote quand on la chauffe.

L'oxyde de carbone et le bioxyde d'azote sont

[1] Minkowski. *Arch. für exper. Path. ub. Pharm.*, t. XXI, 1886.

tous deux remarquables par leur faculté de dissolution dans des solutions métalliques : le premier dans une solution de sous-chlorure de cuivre ammoniacal, le second dans une solution de sels de protoxyde de fer ; ils sont tous deux réducteurs. Leurs combinaisons avec l'hémoglobine, c'est-à-dire l'hémoglobine oxycarbonée et l'hémoglobine bioxyazotée sont isomorphes. L'hémoglobine bioxyazotée et l'hémoglobine oxycarbonée renferment, en volume, la même quantité de bioxyde d'azote ou d'oxyde de carbone que l'oxyhémoglobine renferme d'oxygène, c'est-à-dire que le bioxyde d'azote et l'oxyde de carbone se substituent volume à volume à l'oxygène qui demeure impuissant à les déplacer. Par ce que nous savons des propriétés physiques et chimiques des deux gaz délétères dont il est question, nous pouvons admettre que l'un et l'autre s'attaquent au fer de l'hémoglobine qu'ils entraînent dans une combinaison sur laquelle l'oxygène n'a plus de prise et qu'ils saturent le globule comme ils saturent les solutions métalliques, solutions d'où ils peuvent être chassés par le vide et la chaleur ; ce qui semble prouver encore qu'il s'agit bien de propriétés physico-chimiques, propres à ces deux gaz, c'est que le bioxyde d'azote chasse l'oxyde de carbone de sa combinaison avec l'hémoglobine ; toutes ces combinaisons sont sous une grande tension de dissociation comme la combinaison oxygénée; les incitateurs de l'oxydation étant modifiés, les ferments oxydants restent inertes à cause des nouvelles combinaisons ferriques et manganiques qui sont devenus abiodynamiques.

Peut-être le fer devient-il passif [1].

Dans les empoisonnements par l'oxyde de carbone, le sang est rouge, mais cette couleur rouge n'est pas la couleur du sang artériel; le sang n'est pas rutilant.

L'acide azotique était connu de Yeber, alchimiste arabe qui vivait vers la fin du VIIIe siècle; il fut préparé par Raymond Lulle en 1224; il s'agissait de l'acide azotique hydraté, car c'est Deville qui a découvert en 1849 l'acide azotique anhydre. L'acide azotique anhydre, pur, est incolore; il est très instable; il se décompose à la température ordinaire en oxygène et en acide hypoazotique; c'est un oxydant très énergique.

L'acide azotique hydraté se rencontre dans la nature combiné aux bases; il existe dans l'atmosphère combiné à l'ammoniaque; dans le sol à l'état

[1] Le fer, le nickel, le cobalt ne sont pas attaqués par l'acide azotique fumant et quand ils ont été plongés dans l'acide azotique fumant, ils acquièrent la propriété de n'être pas attaqués par l'acide azotique étendu ; on dit qu'ils sont *passifs*. Cette passivité serait due à une couche de bioxyde d'azote qui adhère fortement à la surface du métal et qui cesse dès que l'on aspire le gaz par le vide ou qu'on le chasse par le frottement du métal.

d'azotate de soude, principalement, dans les Indes, en Egypte, au Chili et au Pérou. Les nitrières de la province de Tarapaca sont les plus fameuses.

L'acide azotique hydraté est peu stable ; il est très oxydant; il forme avec les bases une seule classe de sels neutres, les azotates ou nitrates.

Depuis les premiers alchimistes jusqu'à nos jours, la nitrification, c'est-à-dire la formation des azotates, de l'azotate de potasse ou nitre, salpêtre, a préoccupé les savants.

Les expériences de Kuhlmann et Cloëz avaient déterminé et précisé les circonstances dans lesquelles se produit le nitre. Ils avaient démontré l'oxydation de l'ammoniaque résultant de la décomposition des matières organiques.

Dans une série d'expériences remarquables G. Ville avait établi, dès 1868, que les plantes fixent plus d'azote que ne peuvent leur en fournir le sol, les engrais et les nitrates d'ammoniaque de l'atmosphère.

En 1877, MM. Schlœsing et Müntz démontrent que les nitrates sont produits par un ferment; en 1885 Berthelot[1] prouve que la terre arable exposée à l'air s'enrichit d'azotate lorsqu'elle n'est pas stérilisée, mais que la terre cesse de fixer l'azote atmos-

[1] *Ann. de phys. et de chim.*, VIe série, t. XIII et XIV.

phérique si l'on vient à la stériliser par la chaleur ou des antiseptiques.

Frankland[1] isole le ferment nitreux et enfin Winogradsky[2] retrouve le ferment nitreux et isole le ferment nitrique. Ainsi, la fixation de l'azote ou la nitrification serait la conséquence de trois ferments. Un premier ferment transforme la matière organique en ammoniaque. Je pense qu'ils sont plusieurs pour arriver à ce résultat. Un deuxième ferment transforme l'azote en acide nitreux; un troisième ferment transforme l'acide nitreux en acide nitrique qui en se combinant avec les bases forme les nitrates absorbés par la plante; voilà pour la synthèse; voilà comment se trouve utilisé et fixé l'azote de l'air par certains ferments. Les ferments de Frankland et de Winogradsky ne sont pas les seuls à fixer l'azote des milieux gazeux ambiants; j'ai démontré, en effet, que la bactéridie du charbon et le bacille de Nicolaïer, microbe du tetanos, fixaient de l'azote pris aux milieux gazeux ambiants[3].

Lorsque la plante a absorbé les nitrates il faut qu'elle les utilise, et, pour les utiliser, il faut qu'elle

[1] Frankland. *Les microbes dans leurs relations avec les réactions chimiques.* (*Revue scientifique*, t. L, n° 5.)

[2] *Ann. de l'Inst. Pasteur*, mai 1890.

[3] J. Gaube (du Gers). *Le microbe du tétanos. La bactéridie du charbon.* (*Arch. gén. de médec.*, avril 1894.)

les réduise. Les ferments dénitrifiants existent dans certains sols ; chez les plantes ce sont les plastides et leurs zymases qui se chargent des réductions.

J'avais oublié de vous dire que la potasse favorisait l'action du ferment nitrifiant.

J'ai tenté de vous faire comprendre que le fer, le manganèse, le phosphore, le soufre, le chlore, le sodium, le potassium, le cuivre, etc., ingérés sous forme de sels subissaient des réductions dans l'organisme, qu'ils étaient fixés à l'état métallique et faisaient, en cet état, partie intégrante de la molécule protéique; qu'ils formaient ensuite de nouvelles combinaisons salines et quittaient l'organisme sous la forme saline comme ils y étaient entrés.

Ne pourrait-il pas en être de même du carbone et de l'azote [1] ?

Les premières transformations que subissent les albuminoïdes dès leur contact avec les ferments digestifs sont une preuve que les substances protéiques ne sont pas utilisées telles qu'elles se présentent dans les aliments ; la dislocation de la molécule protéique n'est pas douteuse. Comment alors les éléments cellulaires fixent-ils le carbone

[1] Bach. *Sur le mécanisme chimique de la réduction des azotates et de la formation des matières azotées quaternaires dans les plantes.* Comptes rendus, t. CXXII, p. 1499.

et l'azote? L'oxygène peut-il s'emparer directement du carbone au milieu de la molécule organique et le transformer du coup en acide carbonique?

Ce que nous savons des gradations dans les transformations de la matière minérale et de la matière organique, ne nous permet pas de le croire.

Les végétaux réduisent l'acide carbonique en présence du magnésium, de métaux qui dissolvent le carbone; il se produit des carbures métalliques[1] qui en décomposant l'eau donnent naissance à des carbures d'hydrogène[2]. La décomposition de la matière organique est précisément une source d'hydrocarbure.

Il existe des corps, le lithium, par exemple, qui sans le secours d'aucune force extérieure, fixent l'azote à la température ordinaire ; d'autres comme le magnésium qui fixent l'azote aidés par la chaleur. Pourquoi les animaux ne rendraient-ils pas disponibles, en les minéralisant, le carbone et l'azote pour les utiliser comme le font les infiniment petits, comme le font les végétaux ?

Les faits que je viens de vous rappeler succinctement semblent étrangers à notre sujet;

[1] Berthelot. *Sur une nouvelle classe de radicaux métalliques composés.* (*Ann. de chim. et de phy.*, t. IX.)

[2] Moissan. *Sur la formation des carbures d'hydrogène.* Comptes rendus, t. CXXII, p. 1462.

loin de là, car de la quantité d'azote fixé et disponible pour nous dépend notre vie; à mesure que diminue la source de l'azote fixé par les plantes, la fertilité du sol s'amoindrit; toutes les causes qui diminuent l'azote fixé, sont attentatoires à la vie.

Un seul coup de canon, pour lequel on n'aurait employé qu'une livre de poudre, détruit, dit Bunge, une quantité d'azote fixé égale à celle qui est contenue dans trois millions de litres d'air; c'est pourquoi on peut dire que chaque coup de fusil est mortel; il détruit une quantité égale de vie, qu'il atteigne ou non un être vivant.

ARGON

L'argon, du mot grec ἀργόν, qui veut dire paresseux, a été découvert récemment par lord Rayleigt et le professeur Ramsay. L'argon accompagne l'azote dans l'atmosphère en petites proportions, soit, en volume 0,935 p. 100 [1].

L'argon se rencontre dans l'eau de plusieurs sources qui jaillissent sur les deux versants des Pyrénées: ces eaux, du reste, contiennent de l'azote et les Espagnols les appellent *azoades*.

[1] Schlœsing fils. Comptes rendus, t. CXXI, p. 528

Les expériences qui ont été faites jusqu'à présent n'ont pas pu préciser l'action de l'argon dans les phénomènes de la vie ; on ne sait pas si, comme les autres éléments gazeux de l'air, l'argon est capable d'intervenir dans les phénomènes de la vie.

Nous venons d'étudier deux des principes les plus importants de la vie : le carbone et l'azote. Nous avons envisagé le carbone et l'azote tels qu'ils sont dans la nature, tous deux rebelles à la vie. Je vous ai montré le magnésium vitalisant le carbone dans le leucite de la chlorophylle; je vous ai montré le potassium vitalisant l'azote au profit du végétal, à notre profit conséquemment.

Maintenant, faites abstraction, si vous le jugez convenable, de tout ce que vous venez de voir et d'entendre, étudiez les bases de la vie avec Liebig, Huxley, étudiez la matière vivante avec Le Dantec, étudiez la nature, voyez la vie, cherchez à pénétrer ses secrets, scrutez les phénomènes, et vous demeurerez convaincus que le minéral est le premier instrument avec lequel le chaos a façonné la vie. Alors nous étudierons ensemble ses moyens.

TABLE DES MATIÈRES

ÉVREUX, IMPRIMERIE DE CHARLES HÉRISSEY

www.ingramcontent.com/pod-product-compliance
Lightning Source LLC
LaVergne TN
LVHW021510140926
848035LV00047B/1024